目錄

作者序:

「你們才是我們的創業軍師」 6

創業最差的時代,也是創業最好的時代。 8

推薦序:

說好香港創業故事 10

面對困境 迎難而上 11

仁者無敵,勇者無懼 12

生意永續的保證 13

少走冤枉路 14

時機就是一切 15

創業軍師2

Chapter 1

「最大的風險就是不冒險。」 16

汽車美容師 18

三贏安樂窩 24

善舉初心造就成功 30

90 後滷水鵝俠侶 36

IT 與香港情懷的結合 42

Chapter 2

「失敗在這裡是一個選項，如果凡事順利成功，那很可能表示創新不足。」 48

45 年內功 X 創新思維 50

疫情下堅毅的鮮花 56

人工智能的年青力量 62

Work Smart, Play Hard 68

傳統燕窩年輕化 74

Chapter 3

「創業者光有激情和創新是不夠的，它需要很好的體系、制度、團隊以及良好的盈利模式。」 **80**

純素美食救地球	82
養生 X 美容	88
九龍城的正宗泰國味	94
年輕夫婦恩物	100
以生命影響生命	106

Chapter 4

「這個世界並不在乎你的自尊，只在乎你做出來的成績，然後再去強調你的感受。」 **112**

大學與企業的媒人	114
東瀛美食解鄉愁	120
香港文化之醉	126
A.I. 種菜救未來	132
建築本為人	138

Chapter 5

「我深信，成功與不成功的企業家之所以不同，
有半數原因在於能否堅持下去。」　　　144

環保最前線　　　146

逆市物流奇葩　　　152

從藝人變身美容老闆　　　158

由減肥班跳上世界冠軍　　　164

「哈日族」外賣專家　　　170

「你們才是
我們的創業軍師」

《創業軍師》一書來到第二集，伴隨著我們在 ViuTV 同名電視節目播出超過 300 集，是我的創業路上很夢幻的一頁。每次去深入了解嘉賓的創業故事，就像與他／她們並行一段歲月，讓我的人生彷彿活多了一次的創業經歷。

尤其嘉賓的創業範疇十分的廣泛，線上／線下、本地／國際、傳統／創新、傳承／首創皆有。其經歷也相當的獨突，有歷經破產而東山再起、有走在市場上最尖端的創新科技、有傳承香港文化特色的傳統，一切一切應有盡有，我們並不是創業軍師，嘉賓才是我們的創業軍師！

「創業時空」活在這時空就要精彩。若果平行時空真的存在，我認為人的一生至少創造了三個重大的平行時空：

(1) 讀書時選擇主修那一科？（文／理／商或大學主修什麼？）

(2) 伴侶，和你走進下半生的人是誰？

(3) 是創業，還是打工？

選擇創業的我們，今天就是活在「創業時空」當中，也許創業這個時空的抉擇，讓我們失去了很多，也讓我們得到了很多，你有後悔過創業嗎？若果人生讓你再選擇一次，你會打工還是仍會選擇創業？

希望藉著《創業軍師2》收錄的創業故事，讓大家都能反思、珍惜和展望創業這個時空的點點滴滴，這亦是我所創立的「香港十大傑出創業青年選舉」第三屆的主題。在創業這個時空中，瞧瞧我們本書及節目中一眾的創業嘉賓，你不但不會感到孤單，而且選擇了、踏進了，我們就要讓這個創業時空精彩，不負抉擇。

最後，我想特別與身處打工時空中的另一個我說：「謝謝你填補了我很多的遺憾，在你的時空中一定要幸福和美滿。但是，你做不到的事情，就由我在創業時空中去繪寫吧！」

溫學文 Phoenix

創業最差的時代，
也是創業最好的時代。

《創業軍師》已播出超過 300 集。自 2019 年首播直到今天，橫跨了整個疫情。

這三年是創業最差的時代，也是創業最好的時代。

這三年多的時間，我們有幸認識了很多有心有力的創業者，他們不但無懼疫情所帶來的挑戰，更在當中找到機遇，創立自己的事業。常言道：創業容易守業難。其實，創業又怎會容易呢？

見證了 300 多個創業故事，我總結出幾個創業者常面對的困難。其一是在市場上找到自己的定位，二是與各持分者的合作問題，最多朋友提及的問題就是：問題天天都多，單是應付問題都夠難了。

我認為這三個問題都是不能單靠一己之力去解決的。我們接觸的很多創業家都是單人匹馬，或是數個朋友合資的，都是一些小企微企。我們沒有大型企業的專職同事，主力負責個別業務，我們未必有能力聘請承辦商協助，我們也不一定有經營一盤生意的經驗。所以，對我們來說，強大而全面的創業網絡至為重要。

我很高興透過《創業軍師》這個節目，我們不但結交了很多創業者，更匯聚成一個平台。讓大家都擴展自己的朋友圈。這個朋友圈不但是用來互相「利用」、互相幫助去解決問題，同時也是互相支持、互相鼓勵、互相啟發的圈子。「互相」亦是雙向的、是有交流的，是各有得著，各有長進的。

記得有一次聚會，大家初時只是天南地北，說說笑笑。說著說著，談到一些市場動向，大家就開始分享了在各自的行業中，如何能參與到那個商機。就這樣，一場愉快的飯局，促成了幾個新相識朋友的合作。我們作為媒人的當然高興，見到這個新項目進行得如火如荼，令人期待！

在過去這三年，我們得到了一班創業朋友，你們每一個創業故事都讓我有所啟發，更是我們《創業軍師》繼續發展的動力，期望這本書也能成為你創業路上的朋友，為你帶來一點啟發，一點支持。

余樂明 Tin

說好香港創業故事

　　ViuTV《創業軍師》節目製作團隊今年再接再厲，推出《創業軍師2》，繼續用文字記錄一眾香港初創企業家的故事，向讀者傳授創業錦囊，透過細閱初創公司的寶貴經歷，幫助自身業務發展，鼓勵更多有意創業的人付諸行動。

　　生產力局多年來作為初創及中小企業的最強後盾，也留意到近年願意創業的人有增無減，就算有外地市場調查指出，約 20% 公司會於創業一年後倒閉；約 65% 於 10 年內倒閉，仍無阻一眾創業家踏上創業之路的決心。

　　為確保一眾企業在創業路途上能夠披荊斬棘，生產力局向他們提供多項支援服務，包括技術支援，協助企業進行產品開發並提供產品驗證服務；營運方面，我們的數碼不求人平台 DDIY 搜羅了市場上各式各樣的商用數碼方案，鼓勵企業進行數碼轉型，提升營運效率；資助方面，我們推出了一站式政府資助申請及管理平台「資助易 Biz Expands Easy（BEE）」和手機應用程式 BEE@HKPC，協助企業善用政府資源；業務拓展方面，亦會定期舉辦考察團及線上線下業界研討會，助一眾創業家拓展人脈、增加曝光率、開拓商機。

　　隨著香港踏上復常之路，生產力局會繼續從多角度為一眾創業家提供適切援助，讓他們在激烈的市場競爭中脫穎而出，而且長遠穩定地發展。我亦期望《創業軍師》團隊繼續收錄更多創業素材，鼓勵更多人實現夢想。藉著說好香港創業故事，讓本地初創企業成為香港經濟發展的新動力。

黎少斌
香港生產力促進局首席數碼總監

面對困境迎難而上

恭喜《創業軍師》出版到第二本書籍，過往曾有幸三次出鏡於 ViuTV《創業軍師》分享創業經歷，喜見同名新書即將的出爐！

創業好一段時間，歷經了不少高高低低，關於創業我覺得是……

創業是一個充滿挑戰和機遇的旅程，只要你有夢想和毅力，必定可以克服一切困難，實現目標。

創業是一個需要勇氣和決心的決定，你需要跳出舒適區，把握機會，並不斷學習和成長。在這過程中，可能會遇到各種挑戰和障礙，不要害怕失敗，因為失敗是成長的機會。

作為一個創業家，需要有一顆開放和靈活的心態，不斷地學習和探索，改進和調整策略，亦需要耐心和計劃，因為成功是需要時間和努力。

不要害怕挑戰，勇敢地面對一切，相信自己的能力，必定可以成為一個成功的創業家。

最後，敬祝每一位創業者都身體健康，即使面對困境也能迎難而上！

時景恒
時昌迷你倉創辦人

仁者無敵，勇者無懼

創業是一條充滿挑戰和風險的路，但也是一條充滿希望和機遇的路。在現代社會，越來越多的人開始關注創業和創新，並希望通過創業來實現自我價值和夢想。而電視節目《創業軍師》就是一個關於創業的節目，它不僅提供了一個平台，讓創業者們分享自己的經驗和故事，也讓觀眾們瞭解到創業的風險和挑戰。

綜觀創業風險投資（Venture Capital）的所見所聞，我們可以發現，有眼光的資金和有氣魄的創業者相輔相成，才能實現雙方的共贏。當然，這並不是一件容易的事情。創業者必須披荊斬棘，排除萬難，才能實現自己的目標和夢想。在這個過程中，創業者需要有勇氣和決心去面對種種困難和挑戰。

在這個過程中，一本我很喜歡的書籍《被討厭的勇氣》提出了一個重要觀點，立即「行動」。只有通過行動，人們才能實現自我成長和目標。許多人往往只是抱持著想法和願望，但卻不採取實際行動去實現這些想法和願望。因此，行動是實現目標的關鍵所在，只有通過實際行動，才能讓想法和願望變成現實。

我常常見證成功的創業家通過立即採取行動來實現多個目標。試想一下，我們把目標分解並立即採取行動去實現這些小目標，就可以逐步實現大目標。我們從中獲得更多的經驗和知識，進而實現自我成長和發展。這種生生不息的成長循環，尤如驅動成功的重要引擎。

我一直相信，「仁者無敵，勇者無懼」。期盼各位創業者能夠勇敢地追尋自己的夢想，並為世界帶來正面和積極的影響。

李冠樂
戈壁創投（大灣區）執行董事

生意永續的保證

《創業軍師》兩位主持 Phoenix 及 Tin，都是我相當敬重的兩位創業家，個人魅力沒法擋不在話下，最重要是他們是願意分享個人資源，並願意無償幫助別人的好朋友！

2020 年，Phoenix 邀請我加入第二屆《十大傑出創業青年選舉》籌委會，當然一口答應；皆因有機會認識我本業（運動健身行業）以外的創業家，有助我跳出框框，帶更多新思維及營商方式回到運動界，此機會實在可遇不可求！沒想到後來我被投選成為「香港十大傑出創業青年選舉 2021」籌委會主席，在這段旅程中，我和一眾兄弟姊妹互相扶持，沒有約定俗成的「必須轉介生意條款」，反而令我們的感情更加堅固，而且創業思維上更加大大進步。

我在 2021 年出版的《StartUp 公關教你初創成功學》提到，創業有不少「助」力，其中兩個是「人際網絡」及「比賽認證的重要性」。曾經有人說，真正的「好老闆」，不是讓你當下做個快樂的打工仔，而是讓你十年後成為好老闆。

做慣老闆，在公司習慣了君臨天下，未必願意被評審評頭品足，沉浸在自己的舒適圈的代價，可能會視而不見自己的缺點，導致公司未來慢慢殞落。真正的「頒獎典禮」，不是讓你獲獎而感沾沾自喜，而是讓你在參選過程中獲得寶貴經驗，進一步讓你擴展公司的版圖及商業網絡。

如果創業要成功，我建議大家把每集《創業軍師》重溫，或嘗試參加第三屆《香港十大傑出創業青年選舉》，你將會有極大得著！最後，提醒大家創業時的心態不要只想著催毀敵人或舊老闆，想想如何找到優質伙伴結盟，才是生意永續的保證。

邱益忠 Gordon

青年創業軍《香港十大傑出創業青年選舉》第二屆籌委組主席及第三屆籌委顧問

亞洲運動及體適能專業學院（AASFP）董事 / 運動公關

香港健身 Guide 籌委組主席

少走冤枉路

很榮幸接受過《創業軍師》的訪問也慶幸參與過《創業軍師》第一本書，轉瞬間《創業軍師》出第二本了。

香港難得的一個創業分享節目，每一位創業家都走過不容易的路和面對過不同的困難。10 年前創立 MyDress.com 時，我真的面對過種種挑戰，真的百感交集，很多時候都要靠自己解決和面對，當然也碰過不少壁。

現在有個這麼好的節目讓一眾成功創業家來分享心得，這可以幫助大家走少很多冤枉路，真的是個很棒的節目。

祝願《創業軍師》可以成為一個香港最長壽的節目，長做長有！

黎文 Leon Lai
MYdress.com & 91APP 聯合創辦人

推薦序（六）

時機就是一切

恭喜《創業軍師》成功訪問了超過 300 位創業嘉賓，並出版《創業軍師》第二本書，對於香港創業文化而言是一個令人驕傲的里程碑。同時很榮幸能夠為《創業軍師2》新書以企業家的身份向讀者們分享創業歷程。

在充滿競爭和不確定性的時代，回想起當初由一無所有的創業家一路走過來到面對各種困難，再步向成功的創業過程中，也汲取到了很多寶貴的經驗與教訓，才令我成為企業家。的確創業是一條漫長而充滿荊棘挑戰的路程，不僅需要勇氣和決心，還需要不斷學習和創新。

在我的創業路上我領悟到「時機就是一切」，這句話雖然簡單，但同時亦包含了成功創業的重要性。正確的時機會帶來機遇，在每一個決定和行動背後都可以產生不同的結果和影響。時機不對，再好的想法也可能會失敗；時機對了，再小的機會也可能會成為巨大的成功。以我本人為例，在台灣爆發食品安全危機的同時，將強調使用新鮮水果、天然原材料的一芳台灣水果茶引入香港，並成功取得香港區的特許經營權。因此，創業者需要時刻關注市場的變化和趨勢，找到最佳的時機點，才能夠在競爭中脫穎而出。

我相信《創業軍師2》，從各範疇的專業企業家的分享中，必定可以為創業者提供很多有價值的啟示和建議，幫助更多的創業者實現自己的目標。

勇於追求自己的夢想，不要害怕挑戰和失敗。記住「時機就是一切」，好好把握機遇，只要你們擁有堅定的信念和不屈不撓的精神，你就一定可以成為下一位創業軍師。

劉心暉

Next Step President（鮮芋仙 / 一芳 香港區總代理）

Chapter 1

「最大的風險
就是不冒險。」

創業軍師2

"The biggest risk is not taking any risk."
by Mark Zuckerberg 朱克伯格（Facebook 創辦人）

汽車美容師

香港有數十萬位私家車車主,當中熱愛「玩車」的也不少。但通常發燒友都是喜歡改裝零件甚至飛車,會對汽車美容著迷的則鮮有聽聞。Car.Something 的兩位老闆 Louis 和 Vincent,就是少數的汽車美容發燒友之一,他們的瘋狂程度,也許比很多女士對化妝的熱愛更有過之而無不及。

跟不少創業家一樣，Louis 和 Vincent 也是將興趣發展成事業的成功例子。兩人在 18 歲考獲車牌後，便各自買了人生第一輛愛驅。身為愛車之人，他們當然希望愛驅能以最靚仔的一面示人，兩人費盡心思，但不管如何弄來弄去，怎麼自己的車還是不及別人的「擸擸炩」？

為了找出答案，兩人開始在市面上搜羅各大小品牌的汽車美容產品，再上網自學有關的知識和技巧。

「為了做試驗，我們兩架車的每一塊面板，都用上了不同的產品，希望找出最好的效果。」

不久後兩架車的面板都用完了，他們竟然決定換車來繼續做試驗。

就這樣靠著自學和不斷的試驗，他們掌握到一定的知識、手藝及經驗。而這份對汽車美容著迷的熱情，亦打動了 Vincent 的家人。藉著 Vincent 哥哥借出的數萬元，他們大約在五、六年前開創屬於自己的汽車美容事業 Car.Something。

Push the Limits

　　為了節省成本，Louis 和 Vincent 選擇採用上門的方式，到客人的停車場提供打蠟、鍍膜等美容服務。這雖然可以節省開實體店的高昂租金，但同時亦帶來不少挑戰。

　　為一輛汽車做打蠟鍍膜，需要困在既悶熱，更充滿毒氣的停車場內 10 至 12 個小時，期間只有 5 到 10 分鐘時間吃飯，箇中滋味可想而知。由於工作地點是私人停車場，兩人亦時刻冒著被管理員驅趕的風險，像無牌小販般要經常走鬼。

　　坊間很多打蠟鍍膜服務只用兩三小時便完成，為什麼 Car.Something 要用上五、六倍的時間？這正是源於公司一直以來秉持的理念：Push the limits。

　　Car.Something 以挑戰極限、超越自我為目標，兩人不斷探索新的技巧和產品，力求每一件出品都做到 110 分，這亦是 Car.Something 能夠在芸芸對手之中突圍而出的原因。

　　「我們交出最頂級的功課，收的卻是『街坊價』。這有助我們與客人建立關係，希望他們會重覆光顧之餘亦會介紹其他客人。」

──────┼── 蔗渣價錢　燒鵝味道 ──┼──────

　　辛苦工作雖然得到客人讚賞，但原來 Vincent 也曾想過放棄：「我想得比較長遠，要為日後結婚、生兒育女作打算。我不想 30 歲人還困在停車場內汗流浹背的打蠟，真的很辛苦。倒不如把生意結束，安穩的打工算了。」

　　萬一 Vincent 退出，Louis 也準備關門大吉。幸好 Car.Something「蔗渣價錢、燒鵝味道」的服務已打響名堂，不止是客人滿意，甚至不少同行也給他們一個 like，更不時有投資者提出注資入股。

　　在進與退之間，兩人決定更上一層樓，於 2021 年中在元朗開設地舖，經營高端汽車美容。Vincent 開舖是為未來打算，而 Louis 則是為了突破極限，將產品質素推到另一個層次。

　　「在停車場工作有太多掣肘，例如時間不夠，明明可以做得更好，卻沒辦法做到。開實體店後，我們有兩三日時間替一輛車做美容，可以做得更完美。」

謙卑初心　與時並進

　　服務升級，收費當然也水漲船高。現時 Car.Something 的產品大致分三類，包括普通的鍍膜、PPF 車漆保護膜，以及最新科技的 SHP 自癒聚合膜，價錢則由一萬多至三萬多元不等。

　　宣傳方面，由最初的上門服務開始，所有的宣傳工作都是兩個人一手包辦，包括拍片教授一些汽車保養的小知識，以及介紹產品優點等。「我們沒有想過要找其他宣傳公司，因為是我們的公司，我們的產品，始終只有我們最清楚。」

　　開店後短短十個月，Car.Something 已經回本。Vincent 認為，他們的成功在於全力以赴的態度。「我常跟員工說，工作不是要『做完』，是要『做好』。只要認真做好每一件事，不管做什麼都能成功。」

而 Louis 則相信,必須時刻保持謙卑的心。「這世界日新月異,如果自以為什麼都懂,不再學習,便很容易被淘汰。一定要與時並進不斷學習,不斷吸收新知識,這樣才有進步。」

除了努力,保持溝通也是他們的成功之道之一。他們不諱言,偶然也有意見不同:「最重要是把想法說出來,一同商量解決方法。如果一直藏起來,到最後可能已經太遲了。」

如今 Car.Something 已成功踏出第一步,今年五月更開設了首間旗艦店,同時招攬更多的人才加入,「男女不拘,最重要的是肯做。只要用心,凡事都能成功。」

成功竅門:

由每日困在停車場拋光打蠟,到有人願意出資開舖,更成功在短短十個月內回本,Car.Something 靠的是兩人超越自我、虛心學習的態度。

・求知若飢,虛心若愚
從第一輛車開始,Louis 和 Vincent 兩人不斷自學,吸收市場上的最新知識,而且從不自滿,這樣才能與時並進。

・不要做完,要做好
Vincent 常告誡員工,工作不是要「做完」,是要「做好」。而他們兩人亦以身作則,盡心做好每一件事。以鍍膜為例,別人用兩三小時完成,是「做完」;他們願意用多幾倍甚至十幾倍的時間去做,這不止是「做好」,是力臻完美的典範。

・Push the limit
Louis 自言,開地舖的原因之一是當時的產品質素已不能滿足他,希望尋求突破更上一層樓。這份自我挑戰的態度,是進步的原動力。假若只留在 comfort zone 的話,又怎能取得成功。

三贏安樂窩

無論置業還是創業都是人生大事，而買樓或開舖後的裝修
當然也不容忽視。好的設計和裝修，當然能讓戶主安寢無
憂，但萬一不幸遇上天馬行空的設計師，或手工馬虎的裝
修師傅，則可能是惡夢的開始。

身為消費者，一旦與室內設計公司出現糾紛，往往只能自
嘆「黑仔」。君王室內設計創辦人王大偉 Anson，也許
是過來人的關係，所以他不但採用革新的工作流程以提升
客戶的滿意度，還透過各種渠道教育大眾甚至新一代同行
後輩，力求締造一個三贏局面。

Anson 本非設計或裝修出身，他原來的職業更可謂風馬牛不相及，竟然是開設幼兒教室，教小朋友畫畫和補習。但亦是這教室為他帶來兩次接觸設計裝修的經歷，並埋下了轉行的種子。

第一次是教室成立時需要裝修，當時找了一位老裝修師傅承包，他的手工非常精細，可惜卻毫無設計可言，平淡乏味。數年後教室搬遷，Anson 經過上一次的經歷，便花錢請設計師負責，希望能將教室設計出自己的風格。設計師交來的效果圖果然沒有讓 Anson 失望，但之後工程的跟進工作，卻教人不敢恭維。

這兩次經驗讓 Anson 意識到，室內設計這一行，其實不乏出色的設計師、裝修師傅及好的產品，卻欠缺一個統籌的角色把這三項元素完美結合。

由顧客轉身行內達人

兩次裝修使 Anson 成了「室內設計達人」，也讓他與學生的家長之間多了一個話題。「那時很多家長都計劃換樓，我便就我所知，義務為他們解答有關設計和裝修的問題。」

Anson 對行業的認識以及樂於助人的態度，贏得了不少家長的信任，其中一位更「膽粗粗」，將整個室內設計項目交給 Anson 負責統籌。結果 Anson 亦幸不辱命，順利完成了他的處子之作。

首戰報捷後，其他家長也陸續找 Anson 以自由身形式代勞。直至 2010 年，Anson 終於決定成立君王室內設計有限公司。

由顧客搖身一變成為行內一份子，這角色的轉變，在經營上會是絆腳石還是優勢？

Anson 認為，正正是他曾經也是個「不滿的客戶」，才讓他能夠做到每每由消費者角度出發，彌補了設計師和裝修師傅的不足。

————┼——「查家宅」造就貼心裝修——┼————

「裝修師傅和設計師通常只會從專業角度出發，考慮是否安全、美觀。而我則由消費者角度出發，考慮是否實用，這樣加起來，便得出近乎完美的結果。」

Anson 憶述，過去曾有一位身型嬌小的客戶，但她的丈夫卻是六呎三、四吋高的「巨人」。一般設計師看到這對客戶組合可能不以為意，但交到君王手上，他們便特意在廚房設計了一個可升降的工作台，方便兩人使用。這就是從客戶出發的最佳例子。

要做到這一點，要旨是要像 Anson 一樣「八卦」。Anson 與客戶溝通時，會像「查家宅」一樣詢問他們每個生活細節和習慣，遇著戶主對家中事情不甚了了，Anson 甚至會要求客人把家中的外傭帶來「審問」一番。

「有時客人不明白我的出發點，會質疑我為什麼這樣好奇。如果問得不夠仔細的話，設計很多時候都會中看不中用，無法造出合心意的家居。」

君王室內設計另一樣為客戶著想之處，是他們的工作流程。坊間一般室內設計公司的做法，都只是茶餐廳一般的公式化：

1. 客人到店內，由銷售人員負責洽談；

2. 銷售員拿出套餐 ABC 給客人選擇；

3. 客人選好套餐後，只能像「煎蛋改炒蛋、麵包轉多士」般稍作加減；

4. 支付訂金；

5. 上門度尺。

相反，君王的第一步已顯出與別不同的心思：

1. 同時派出設計部和工程部同事，一同與客戶到現場實地商討設計方向及概念；

2. 設計部與工程部開會，製作設計方案，包括詳盡報價單、設計平面圖及相關參考個案；

3. 相約客戶到工作室講解方案，參觀衣櫃及廚櫃樣板；

4. 客戶認同方案後才支付訂金。

Anson 解釋，由設計部和工程部同事一起與客戶洽商，可以避免出錯的機會：「如果設計師設計完後再交給工程部跟進，會可能出現不可行的設計，到時再修正不但浪費時間，亦會增加成本。」

君王另一不同之處，是收取訂金的時間。他們在完成初步設計及工程方案，客人滿意後才落訂，這樣也許會有「白做」的風險，但同時也能贏得客人的信任，否則一開始便要客人落訂的話，難免會給人一種「劏客」的感覺。

透過不同平台分享知識

公司在成立初期，十分積極參加不同的室內設計比賽，而且屢屢贏得獎項，這樣不但有助提高知名度，亦可達到品牌效應，幫助建立公司形象和口碑。

除了比賽，君王亦獲得著名地產代理集團邀請，在他們的網上平台為客戶提供裝修建議。而 Anson 亦有主持電台節目，讓客戶講述自己有關裝修的經歷，這不但有助公司提升知名度之餘，更令普羅大眾可以吸收裝修方面的知識。

事實上，Anson 的一大宏願，便是希望可以透過不同的平台分享家居裝修知識給客戶和提攜同行後輩。

室內設計公司與客人的糾紛，往往是沿於報價單的銀碼與最終價錢有出入。如果客人當初對報價單的內容有更深入了解，或許可以免卻不少紛爭。簡單如一度門，Anson 建議親身到現場將報價單上的項目與實物對照一下：「報價單上寫『門』，是否包括門框？門鎖呢？客人最好親身去單位現場看清楚，記低所有問題後再與設計公司溝通好，然後才簽約。」

　　至於在日常家居生活上，Anson 也希望可以將一些生活小知識傳授給大眾。「例如一個只有四格階磚的露台，一般設計公司都會任由它丟空，白白浪費空間。但其實只要在地上舖上鵝卵石，便可變成做運動的『石春路』。」大大提升同空間的實用性。

　　為什麼要提攜同行後輩，甚至跟同行合作？一般人認為「同行如敵國」，但 Anson 的理念卻是「船多不礙港」。「曾經有一個在銅鑼灣全層寫字樓的裝修工程，同一時間需要大量人手。如果單靠一間公司的力量很難如期完成，但我們選擇跟其他行家合作，結果不但能如期起貨，更令客人非常滿意，是一個三贏的局面。」

成功竅門：

·由消費者角度出發

Anson 雖然是半途出家，但正因如此，他入行前身為消費者的不愉快經歷，正好讓他深刻了解每位客戶的需求，使他能從消費者的角度思考，造出讓客戶滿意的方案。

·「船多不礙港」的廣闊胸襟

同行縱然不是敵國，也難以互惠互利。偏偏 Anson 就是反其道而行，不但與行家合作承接工程，更分享在工作上的經驗，一心締造雙贏局面。

·打破傳統做法

室內設計和裝修行業最為人詬病的，是成品與客戶預期出現落差，以及最終的收費與報價不符。君王室內設計不惜打破傳統，由設計師與工程師傅一同見客，了解客戶的要求，更在客戶滿意初步設計後才收取訂金，這樣便可減少出錯的機會，增加客戶的信心，亦自然能贏得口碑。

善舉初心造就成功

創業的基本方程式是先認清目標，然後訂立營運方針和計劃，再進行市場研究⋯⋯直至公司賺取盈利後，才考慮企業社會責任。靚湯 Souper 卻反其道而行，公司最初成立的目的，是向獨居長者捐贈健康養生靚湯，為他們送上一份窩心、飽肚而健康的禮物。賺錢不在考慮因素當中。

靚湯 Souper 創辦人是 2002 年香港小姐季軍胡家惠 Cathy。她在退出娛樂圈後投入商界，在不同企業機構擔任市場策劃、品牌建立、行銷方案等工作，累積了 10 年的品牌及市場策劃經驗，便開創自己的公關公司。

直至 2018 年，Cathy 利用個人積蓄成立益生集團國際有限公司，並建立靚湯 Souper 品牌，致力研發健康無添加的即食湯送給獨居長者們。

Cathy 小時候經常跟著媽媽做義工，探訪獨居長者們。到了中學，年僅 16 歲的她更自己組隊統籌同學們一起去為隱蔽長者們清潔和修葺家居。年紀小小的她當時已立下決心，將來長大後一定要幫助這班無依的長者。

「從小開始我便經常接觸這些獨居長者，感受到他們很需要愛、需要關懷。」

行善為先　賺錢為副

這點初心一直沒有被遺忘。五年前，Cathy 開始研發健康即食湯包，包括雪耳木瓜燉雞腳湯、蕃茄薯仔洋蔥牛䐑湯等。在短短五年及疫情之間，Cathy 就捐贈超過 30,000 包的湯包給獨居長者、劏房戶、醫護團隊、多個慈善團體及社會有需要人士，得到社福界的廣泛認同及鼓勵。

受惠機構超過三十多個，其中包括莒光文化服務基金、嗇色園主辦可聚耆英中心、海富苑睦鄰之友、彩霞長者鄰舍中心、東華三院胡其廉長者鄰舍中心、黃大仙上下邨低收入家庭、仁愛堂胡忠長者地區中心、保良局田家炳長幼天地、博愛醫院安老服務、基督教香港信義會葵涌長者鄰舍中心、九龍城浸信會長者鄰舍中心、公屋居民關愛會等機構。

於經營品牌的同時，亦致力促進社會共融。

雖然是免費送贈，即食湯的研發過程都是經過悉心考量。靚湯 Souper 的即食湯包由內到外做到一絲不苟，處處為用家著想。

用料方面，靚湯 Souper 秉持「新鮮熬製，足料矜貴」的原則，所有湯都用新鮮食材熬製，而且堅持「三低三無」，即低鹽、低糖、低卡路里、無味精、無色素、無添加防腐劑。

例如：雪耳木瓜燉雞腳湯可解決長者們的便秘問題，除了選用到高成本高質量的夏威夷木瓜外，雪耳煲到半溶狀態，湯包內的兩隻雞腳更加是完整無缺，沒有碎骨等都是考慮到長者們的食用安全因素。

另外，蕃茄薯仔洋蔥牛膀湯的蕃茄含有維他命 A，有效解決長者們的眼乾問題，同時亦選用最上盛的牛膀肉，肉質鮮嫩口感一流，方便長者們進食。此湯水亦含有豐富維他命和鈣質，適合老人家補充營養。

「我經常接觸獨居長者，對他們很熟悉。他們收到物資後，很多時都捨不得立即享用，會儲起一段長時間。但坊間一般即食湯包的保質期很短，且需要冷藏，但老人家的雪櫃經常都不夠凍，所以並不適合長者。」Cathy 說。

自設生產線確保質素

靚湯 Souper 產品經 125 度高溫殺菌抽真空處理，達至真空無菌狀態；所有產品亦跟隨權威食安中心指引，為產品進行細菌測試，詳細測試報告亦全面披露於包裝盒的二維碼上，絕無隱藏成份，讓每一位關注健康飲食的都市人可以全面掌握飲食資訊，安心飲湯。

靚湯 Souper 獨家無菌包裝技術更有效保存即食湯的味道、顏色、口感及食材的完整性，不論 3 個月、6 個月還是 1 年後飲用，味道及口感都與剛新鮮熬製完的一樣，絕無分別，更無需冷藏、室溫保存即可。

用料十足再加上講究的包裝，成本絕不便宜。公司在成立初期的初始成本接

近 100 萬元，除了租用香港的辦公室，主要是花在內地的自設生產線，用以研發及生產優質健康養生靚湯。

「起初因為沒有打算做生意，所以公司只有我一個人。於是我便經常自己一個中港兩邊走，監察內地的生產線。」

用心熬製出來的湯包不但受長者們歡迎，口碑亦不脛而走，愈來愈多人向 Cathy 查詢購買的方法。在家人和朋友的鼓勵下，Cathy 終於在 2020 年決定將湯包推出市場，讓更多人可以隨時品嚐到足料靚湯。

現時靚湯 Souper 的款式已有八款，亦有多款研發當中。除了老人家，當然也適合其他年齡層甚至小朋友飲用，如栗子螺頭燉瘦肉湯、椰皇花膠燉雞湯、雪梨無花果百合煲豬䐋湯等，全都四季皆宜。其中蕃茄薯仔洋蔥牛䐋湯、椰皇花膠燉雞湯等更可用來當火鍋或煮麵的湯底。而近年疫情肆虐，靚湯 Souper 也特意推出蟲草花太子參粟米燉瘦肉湯，主要功效為潤肺護肝及增強呼吸系統免疫力。

打破「即食 = 不健康」觀念

椰皇花膠燉雞湯
滋陰養顏｜舒緩腰膝酸軟｜產後進補

產品正式上架時正值新冠疫情的高峰期，Cathy 說產品的銷量不跌反升。一來當時大部份時間都禁止堂食，市民一日三餐都需要在家解決。另一方面，很多人都對街市這人多擠逼的地方有所忌諱，所以想飲靚湯的其中一個方法，便是購買即食湯包。

為了增強消費者的信心，靚湯 Souper 產品更取得國際權威食品檢測中心的多項安全認證，除證明無防腐劑及色素等添加物外，亦符合低糖、低鹽及低卡路里等標準。

即食湯包市場的競爭十分激烈，由主婦小本經營到飲食大財團，都在這片紅海中角力。面對劇烈競爭，Cathy 不但處之泰然，更張臂歡迎這良性競爭。

「市場上多了不同品牌出現，大集團更一下子推出數十款產品，消費者多了選擇，等於把市場造大了，產品滲透率亦隨之提高。」

此外，傳統觀念認為「即食」便是「不健康」的代名詞，消費者第一時間聯想到的不是防腐劑，就是高鈉高糖。但如今市場參與者和產品數目增加，普羅大眾對即食湯包的認知程度亦相應提高，因此，靚湯 Souper 用於產品教育的心力亦相對減少。

儘管競爭熾熱，但靚湯 Souper 憑藉真材實料，已贏得一大批忠實顧客支持。

「消費者在乎質素，湯包是否足料、美味、健康。很多客人試過不同品牌的湯包後，還是認為我們的產品質素及味道最好、用料最豐富。」

靚湯 Souper 未來會生產或代理健康食品，並積極推倡優質健康飲食文化。

成功竅門：

即食湯包市場競爭十分激烈，但靚湯 Souper 仍能在這片紅海中站穩陣腳，是什麼令他們獲得消費者的信任和支持？

・一字記之曰「專」

俗語說貪多嚼不爛，Cathy 認為，無論是做哪門生意，都必須謹記一個「專」字。「專業」和「專注」。以她的靚湯為例，她並沒有貪多務得，只是專注於自家研發的八款湯水，把產品做到最好，自然能在一眾競爭對手中突圍而出。

・堅持初心，以長者為先

Cathy 創立靚湯 Souper 品牌的初心是要捐贈湯包給獨居長者，所以她的湯不單只是真材實料，而且在研發過程、選擇口味配搭時更加是從顧客及長者們的角度出發，製造出最適合他們的口味和功效，成功建立口碑，得到一班忠實的顧客支持。

90 後滷水鵝俠侶

搭基滷汁

滷水鵝這種傳統食品，就像經典電影一樣，會讓人回味，
但卻難有新鮮感。偏偏一對 90 後情侶卻發揮無限創意，
由內到外的將這 old school 食品大革新，在台式文青店
裡，為食客送來新舊平衡的感觀刺激。

榕基始於 1992 年，一直是只有 70 呎的舊式外賣滷水小店。直至「二代目」阿杰和阿 Wing 在四年前接手，兩人憑著年輕人 nothing to lose 的幹勁，還有對信念、口味和美感的執著，一手將滷水這 old school 食物，發展成年青人的打咭位，亦由本來難以轉身的老舖，擴展成現在的三間分店。

當初決定從阿杰的阿姨手上接手時，這對 90 後情侶檔已胸懷大志，決心要改革老舖，開拓年輕人市場。

「滷水始終以上了年紀的食客為主，不太受年輕人歡迎。我們不想『榕基』這老字號就此失傳，於是便著手創新，希望迎合後生一輩。」

兩人當時只有二十四、五歲，自然很清楚後生仔吃飯都是「鏡頭先食」，所以榕基的改革也從包裝著手。

改行台灣文青風格

首先是裝修，傳統滷水店裝潢簡單且地方狹窄，往往令後生仔卻步。榕基於是將店舖加入台灣文青風格，淺木色的裝修，走清新簡約風格，還用上自己的 Q 版頭像做生招牌，務求先把顧客吸引進來。

「一般滷水店都是一塊大玻璃，後面用鐵枝掛滿滷水鵝，感覺很壓逼，像監獄一樣。我們將這部份縮小了，騰出多點空間，給人清新、舒服的感覺，但同時也保留一點傳統。」

送上枱的食物也經過一番心思，Wing 特意參考一家台灣牛肉麵的擺盤，每份食物都用餐盤襯托，連一隻碗碟的顏色也配襯過，「要做到客人一看到便有開心的感覺。」做甜品出身的 Wing 說。

包裝再吸引，沒有內涵也是徒然。所以阿杰接手的第一步，是要改革食物。

「傳統滷水都偏鹹，我們於是調校得淡一點，再加入不同香料，做出一種清香，是老中青甚至小朋友也接受的口味。」

此外，他們亦不時順應潮流推出新菜式，例如有一段時間流行吃麻辣火鍋和台灣鴨血，榕基亦加以改良推出相應口味。他們也會自己研究新菜，香烤焦糖滷豬頸肉、酒醉慢煮滷法國鵝肝、話梅花雕雞軟骨等，迎合年輕市場。

「無論裝修還是菜式，我們也盡量做到『新』與『舊』之間取得平衡，在保留傳統的基礎上大膽創新。」

社交平台分享日常

最後是宣傳。針對年輕人開店,在 Facebook 和 Instagram 開 page 宣傳已是基本動作。做事嚴謹的榕基二人組,在社交媒體上的每個 post 也是親自執筆,最重要的是不會只硬銷產品,而是分享一下與店舖有關的日常事,「這樣才能與客人建立真誠的關係,令他們想對我們有更深了解。」

做好以上幾點,榕基滷水店漸漸客似雲來,而開分店也是順理成章的事。但阿杰卻說,做滷水食物開分店是不可能的:「一定要找到一個值得信任的大廚,他的要求跟我們一樣高,這樣才能控制品質,但這幾乎無可能做到。」

此路不通,兩人便另覓出路,主舖繼續賣滷水,分店則做外賣手撕雞,另加小量滷水小食。就這樣,榕基能夠在短短兩年,先後在火炭和黃埔開了兩間分店。

從樓面、廚房到文書，Wing 和阿杰兩人凡事都親力親為。但兩個人怎樣管理三間店呢？秘訣在於分工合作。

不少傳統師傅也有藏私的陋習，生怕被夥計偷師另起爐灶。但阿杰卻反其道而行，大方將滷鵝的秘方和心得傳授給一眾廚師。Wing 解釋：「這樣才能分工合作，我們也全靠這樣才能抽出時間和精力來開店。」不怕被偷師嗎？阿杰一臉坦

然：「他們真的能自立門戶也是他們自己有本事，我誠心祝福他們。」大有古人君子坦蕩蕩的氣度。

憑藉嚴謹的態度及系統的管理，現時三間店舖都愈做愈旺。但阿杰和 Wing 說，兩人暫時未有進一步擴充的計劃：「暫時不會急於發展，反而最重要的是控制品質。操之過急也未必是好事。」

成功竅門：

雖然滷水店是由阿姨手上接手，但這對 90 後情侶能夠將一間不起眼的外賣小店發展到三間分店，他們的實力已毋庸置疑。

·新舊薈萃迎合市場
阿杰和阿 Wing 能認清市場，集中推出配合針對目標客戶的產品和包裝，再配合市場推廣，成功在年輕人市場佔一席位。

·不怕偷師　分工合作
與老式師傅的藏私觀念相反，阿杰大方地將滷鵝的秘方和心得傳授給其他廚師，這樣自己便可以騰出時間處理其他工作。

·對自己的堅持
食肆成功的不二法門是保持食物品質，而要保持品質，便要靠老闆的堅持。阿杰和 Wing 兩人都對自己的專業有一份執著，例如曾有食客嫌榕基的滷水太淡，但阿杰說，會堅持這股改良後的清香，不會因少數客人而改變。甜品蛋糕出身的 Wing，則堅持食物必須有一份美感，要讓食客一看到便覺得開心。

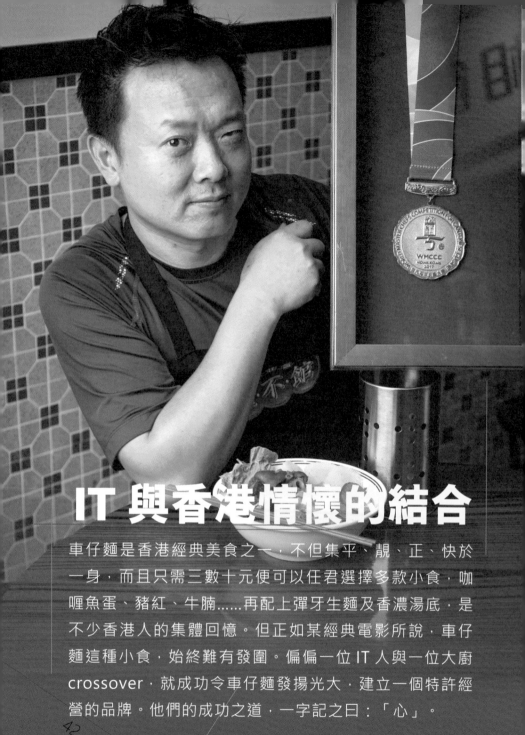

IT 與香港情懷的結合

車仔麵是香港經典美食之一，不但集平、靚、正、快於一身，而且只需三數十元便可以任君選擇多款小食，咖喱魚蛋、豬紅、牛腩……再配上彈牙生麵及香濃湯底，是不少香港人的集體回憶。但正如某經典電影所說，車仔麵這種小食，始終難有發圍。偏偏一位 IT 人與一位大廚 crossover，就成功令車仔麵發揚光大，建立一個特許經營的品牌。他們的成功之道，一字記之曰：「心」。

三不館的兩位創辦人輝哥及 Ken 都是車仔麵的忠實粉絲，對這自小就開始吃的經典美食可謂有一份情意結。輝哥說，只要有人介紹哪裡的車仔麵好吃，他便第一時間去試食，奈何結果總是叫人失望。

「全香港『好吃』的車仔麵我都食過，但每次食完都只是：『唉』。」

輝哥認為，是因為車仔麵的門檻不高，很多人以為隨便「淥淥淥、撈撈撈」便可開檔，「沒有一間是由專業廚師出品的車仔麵。」

碰巧兒時老友 Ken 有意進軍飲食界，兩人便立下宏願，要將車仔麵帶到另一個層次。

師承米芝蓮星級大廚

「我們不是要開車仔麵店，我們要做的，是打造一個品牌，做到三不館就等於車仔麵。像你想要買電動車，立即聯想到某個品牌一樣。」Ken 豪言。

輝哥師承米芝蓮星級大廚，曾在美國經營跨州的連鎖式火鍋店，這次開車仔麵店，味道當然要力臻完美。

車仔麵最重要無疑是小食。輝哥說，他們的所有食材均屬火鍋級，以牛腩為例，坊間一般會用碎腩、肥腩和坑腩，但三不館則選用牛肋條，有筋有肉，軟硬程度剛剛好。又如另一款招牌菜豬手，他們有專人負責逐隻逐隻豬手燒毛，保證每一隻都乾乾淨淨。

　　除了食材，其實湯底也不容忽視，三不館用上豬骨、筒骨、雞腳、老雞和大地魚等材料熬製，味道濃郁而清甜。

　　要數三不館的靈魂，應該是為輝哥贏得廚王大賽金牌的麻辣汁。為了研製這醬汁，他們在開業前特意花兩個月時間，親身前往四川視察麻辣香料基地，結果讓他們大開眼界：「香港的麻辣醬來來去去都是花椒八角，但在四川的香料基地，我們一看到已經呆了，他們竟然有超過100種香料。我們在當中揀選了18種，調製出這獨門麻辣醬。」

　　除了食物，輝哥還將美國開連鎖火鍋店的經營模式引入到香港的車仔麵，採用特許經營方式，招攬不同的投資者加盟。

　　但以特許經營方式運作，怎能確保每間加盟店的食物質素？

　　輝哥表示，一般中式食肆的質素不穩定，因為不同分店的大廚手勢各異，難以保持一致水準。反觀三不館，所有食物都由中央廚房出品，經過先進科技保存後送到各分店，分店只需簡單加熱便可以還原味道。

　　「中廚很隨性，所有調味都是『少許』，但你的『少許』跟我的『少許』可以差很遠。」

　　在三不館，上至食材，下至鹽油胡椒粉，都是用克來量度，這樣才能控制品質一致。

主打 50 年代老香港情懷

　　除了照顧食客的味蕾，三不館的裝潢亦極具特色：客家帽、尼龍繩、大紅大綠的北魏真書體字牆，大玩 50 年代老香港情懷。

　　原來每一間分店的設計，都是由 IT 人兼設計公司老闆 Ken 的團隊負責：「我們幾個都熱愛香港文化，車仔麵亦是香港特色美食，當然要用上大量香港元素。」連店名也套用九龍城寨「三不管」，港味與麻辣醬的香味一樣濃。

　　但食物再好，設計再吸引，若沒有食客也是徒然。所以三不館每間分店的選址均十分嚴謹，這方面則交由業務總監 Will 負責。他每日的工作，就是馬不停蹄地去不同地區尋找合適店舖：「人流很重要，沒有人流，裝修再好也沒有用。但有人流也不一定有用，可能他們全都只是路過，不會進來光顧。」

　　覓得好舖，還要「變身」充當經紀與業主周旋。Ken 解釋：「經歷近幾年的社會轉變，人的流向已徹底改變。但有些業主還未醒覺，還活在幾年前的時空裡。所以 Will 需要花很多時間，拿數據去教育他們，例如鄰舖的租金，讓他們知道世界已經變了。」

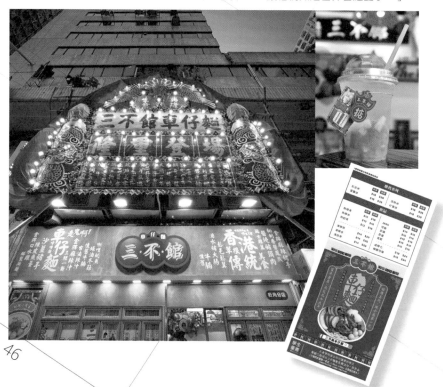

─── 口碑不脛而走 ───

「三不館」這名字近年經常在報章雜誌及網上出現，但三位負責人透露，他們從來沒有花過一毛錢做宣傳。

「做宣傳只會換來一陣子的人流，熱潮過後便打回原形。我們靠的是口碑，食客覺得好吃自然會 share 出去，KOL 和其他媒體也會主動來。」

現時三不館真正做到客似雲來，等著加盟的投資者亦需要排隊。但他們在經營上亦不無挑戰，其中最讓管理層頭痛的是人手不足。

「我們的人手比錢還缺。每開一間舖，我忙得起碼要在店裡睡三晚。」輝哥道出箇中辛酸。

成功竅門：

三不館能吸引到投資者排隊加盟，除得力於大廚出品認真，還有其他過人之處：

· 各司其職 重視溝通

三不館的三位負責人各有不同所長，他們不但在自己的範疇做好本份，亦十分著重團隊合作，正如 Ken 解釋：「不能一人獨大，所有事情都必須商量，而且發表任何意見時，都要有理據支持，這樣才能有效溝通。」

· 百分百全情投入

常言道「力不到不為財」，Will 認為，凡事都需要百分百全情投入，不論是烹調食物、設計舖面還是管理營運，只有全力拼搏才能得出今日的成就。

Chapter 2

「失敗在這裡是一個選項，
如果凡事順利成功，
那很可能表示創新不足。」

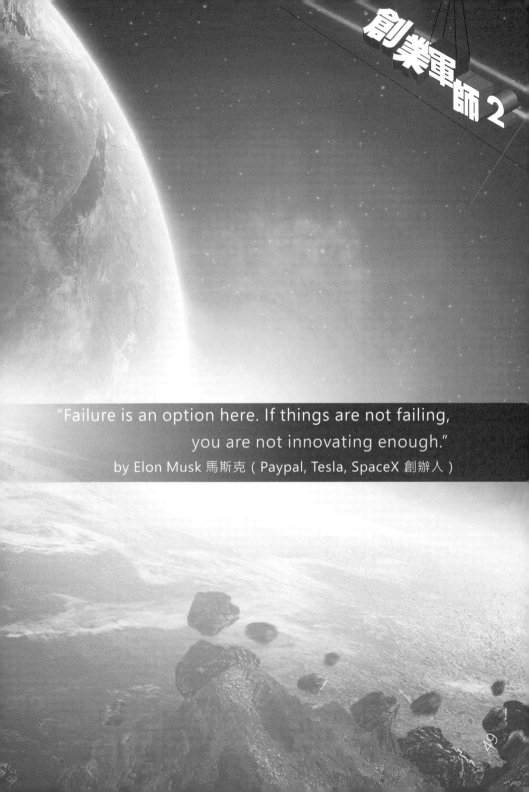

創業軍師 2

"Failure is an option here. If things are not failing,
you are not innovating enough."
by Elon Musk 馬斯克（Paypal, Tesla, SpaceX 創辦人）

45 年內功 X 創新思維

不少人都會對富二代、商二代既羨且妒，以為他們都是成功靠「父」幹。但事實上，若然只靠「食老本」而一成不變的話，當遇上危機時，便立即有陷入困難之虞。以大型校園用品公司 Charm Day 采日為例，在幾十年前已建立穩固客源，第二代理應可以「坐享其成」。其實在數十年歷史中，采日也曾經歷不少難關，全憑二代老闆適時變通，才帶領公司走進 21 世紀。

采日有限公司立足香港逾 45 年，是一家校園用品及禮品供應專家，專營學校、大企業乃至公營機構及政府部門等客戶供應禮品及車縫用品等，而當中最主要的業務是向幼稚園供應護脊書包、玩具、袋類及獎盃獎牌等用具，以及客製化的活動、節日和畢業禮品。

采日現時的產品包羅萬有，但原來在創辦初期的 20 年間，他們只集中於向幼稚園批發玩具禮品。第二代掌門人蔡偉德 Choi 說，當年是靠他父親逐間幼稚園扣門，一步一腳印的才建立出如今穩固的客戶網絡。

客戶群雖然龐大，但 Choi 說，當年的玩具禮品行業只是賺取差價，本身已經營不易。至大約 20 年前，世界進入互聯網時代，采日更面臨成立以來的第一次危機。

────┼── 為市場引入額外價值 ──┼────

「隨著互聯網興起，本地客戶向國內的玩具禮品供應商取貨十分方便，我們本身利潤率已不高，很難經營下去。」

面對時代的衝擊，公司開始加入不同的幼稚園必需用品，尤其是需要品質及複雜製作的產品。Choi 發現，公司只是向幼稚園供應一式一樣的文具禮品等，沒有太大競爭力。要突圍而出，必須要為市場引入有額外價值、而且與眾不同的新產品。

Choi 設計的第一款產品，是為小朋友度身訂造的畢業禮品 - 一個穿上畢業袍、拿著畢業證書的公仔，畢業證書上還印有學校名稱和學生的名字。這第一代客製化產品，一推出便驚為天人：「當年幼稚園畢業，校長只會買普通的玩具送給學生，所以我們這客製化的禮物，在市場上十分突出，甚受幼稚園歡迎。」

20 年以來，這畢業公仔不斷進化，現今已化身成學生的迷你版，不但穿著學校自己的校服，還有一件可以替換的畢業袍，手上的畢業證書也印有學生的資料，而公仔的臉上，更複製了學生的髮型、眼鏡等不同特徵。

Choi 成功為公司化解第一次危機，全賴他的市場觸覺，能掌握市場痛點。他們推出的另一款節日禮品—生肖錢罌，同樣大受市場歡迎，早年推出每年都維持十萬隻的銷量。

　　生肖錢罌的出現源於十多年前，一位校長希望藉錢罌教導小朋友理財，但市面上全都是外國設計的豬仔錢罌，欠缺中國特色。Choi 靈機一觸，利用十二生肖的元素，每年推出不同動物造型的錢罌，再附上小冊子介紹生肖歷史和中國文化，甚至有書法模本讓小朋友練字。

─────┼────迎戰幼園小學寒冬────┼─────

　　化解危機後，采日享受了十多年無風無浪的太平盛世，事關幼稚園每年都會重覆訂購相同的產品，他們甚至連推銷部門也取消了，將資源都投入到研發新產品。

　　公司也不用太擔心競爭對手的挑戰，因為他們已跟客戶建立了長期的信任關係，對手要分一杯羹談何容易。

「曾經有對手刻意模仿我們，連公司名和網站故意抄襲，但怎也抄不到我們與客戶幾十年的關係。幼稚園每年需要訂購功課袋、餐具、書包等，品質和交貨時間都十分重要，怎會隨便相信其他供應商？」

雖然早年競爭不大，但危機仍是會出現。政府於數年前加強對學校支出的規管，限制必須按學生人數比例訂購物品，直接導致采日的訂單即時下跌，然後社運、疫情、移民潮接踵而來，出生率大幅下跌創 20 年來新低，香港社會頓時進入「幼稚園小學寒冬」。

Choi 在這打擊後已構思轉型，及後新冠疫情爆發，更加速了計劃的進行。

「當時只能用一個『慘』字形容，新聞報道確診數字每日上升，身邊的同事陸續中招。我們在公司枯等，電話始終沒有響過。」

沒有電話即是沒有生意。三年間全港幼稚園大部份時間都改為網上教學，對書包、文具和餐具等用品的需求是零。Choi 經過沉澱，唯有調節心態，強逼自己想辦法來跨過這次難關。

既然客人不上門，Choi 便主動與客戶聯絡，關懷對方的抗疫情況，一旦遇上學校有任何需要，如防疫物資不足，Choi 更會主動出手相助。這樣不但是為了回饋客戶和社會，更可有效建立雙方的關係和信任，待對方日後需要採購物資時，亦自然會第一時間想到這位可靠的老朋友。

事實上，采日在疫情期間曾捐贈大量物資給超過 200 間學校，包括自行生產的可重用口罩，以及 50 萬份體溫卡和快測用品，以解學校的燃眉之急。往後亦與清潔品牌合作，免費送贈消毒用品，有接近 400 間學校受惠。

多元發展　力挽狂瀾

學校有采日出手相助，而采日本身卻只能自救。他們一方面轉型，向學校出售重用口罩和消毒品等抗疫物品，另一方面亦不忘本業，推出小朋友在家學習也能派上用場的用品，如陶泥工作包等在家學習工作包。

采日利用多元發展，總算力挽狂瀾，在沒有日常訂單下公司的營業額只較疫情前下跌四成。這場疫情讓 Choi 意識到擴闊業務基礎的必要，於是他決心再向橫擴展，剛巧有一個教師團購平台在 2021 年結業，他們便推出教職員學校優惠計劃，設立一個專為教職員和學校而設的團購平台。

平台與多個範疇供應商合作，商品由防疫用品、女士衛生用品、保健品以至電器及個人電腦等一應俱全。去年政府規定學校須進行通風測試，他們甚至為學校提供一條龍服務，由檢測到轉介工程及購買空氣清新機等一手包辦。

采日的主要服務對象是幼稚園，所以他們亦特別在意教育，一心為教育界出一分力，回饋社會。Choi 認為，科技發展已是不可逆轉的趨勢，為了讓小朋友可及早認識和學習科技，早前他們與電腦商 Acer 合作，舉辦 STEAM 幼稚園教材設計大賽，希望將 STEAM 帶入幼稚園。

成功窽門：

・化危為機

擁有逾 45 年歷史的采日曾經歷數次重大危機，但均可一一化險為夷，憑的除了是

Choi 的市場觸覺，還有他臨危不亂的堅持，能及時調節心態想出應對辦法。

・與客戶建立互信關係

由 Choi 的父親一步一腳印地建立客戶網絡，到 Choi 於疫情期間關懷送暖，向客戶捐贈物資，采日的兩代掌舵都深明經營客戶關係之道。單憑這份關係，已可排除競爭對手的威脅，在市場上穩佔一席位。

疫情下堅毅的鮮花

人生路上，你我也遇過無數難題。成功的人總能積極面對，甚至在危機出現之初已能運籌帷幄，巧妙地化危為機。Hahahaflorist 創辦人 Becky 談吐溫文，舉止柔弱，經營的又是讓人感覺嬌柔溫婉的花店，很難想像這位嬌滴滴的女性，不但是位營商高手，更眼光獨到，每每能早著先機，將事業上的危機一一化解。

Becky 是資深傳媒人，當了整整八年的飲食記者。但踏入 2010 年代，網絡媒體興起，紙媒逐漸成為夕陽工業。Becky 眼見事業出現暗湧，滿有危機意識的她便開始考慮往後的路應該怎麼走。

Becky 的媽媽以前曾經營花店，她從小便陶醉於花藝創作。而當時剛成立自己的小家庭，經常插花點綴家居，再把作品放上 Facebook。原本放 Facebook 只是為了與朋友分享，但由於當記者的關係，她身邊有不少傳媒、市場推廣和公關界的朋友。他們不但是 Becky Facebook 作品的受眾，也成為 Becky 與各大企業之間的橋樑，讓她有機會為不同品牌製作花藝，而她的 Facebook 也逐漸發展成一間網店。

如此當了八個月兼職花藝師後，Becky 終遇上了一大契機，讓她可一償開花店的心願。

───── 由網店進軍實體店 ─────

「當時有一個超級大品牌找我製作花藝，開出的價錢足夠我維持半年收入，於是我便離開做了八年的傳媒，專心從事花藝。」

Hahahaflorist 一開始以網店為主，並且在太子開設插花班。但網站經營一年後，Becky 卻留意到一個怪現象，也是事業上的另一危機。

「經營花店，一年之中生意最好的時候一定是情人節，但我的網店卻相反，母親節才是最高峰。原來因為我網店的 fans 有八、九成都是女性，所以情人節買花的只有少數。」

意識到問題所在，Becky即時行動，在金鐘一個人流甚高的商場開設第一間實體店，希望招徠男性顧客。

開實體店果然有助提升生意，之後 Hahahaflorist 更擴充營運，先後在銅鑼灣和中環開設分店。分店的選址全都是高級商業區，租金成本已教人咋舌，其他開支如裝修等也所費不菲，Becky 透露，面積約800 呎的中環新店，單是裝修費已達六、七十萬元。

Becky 坦言，在高級商業區開店的成本壓力相當大，但她本身的目標客戶群是中高檔的消費者，選址必須有一定級數。幸而三間分店的生意都不俗，再加上網店的配合雙管齊下，公司一直都能交出亮麗的成績表。

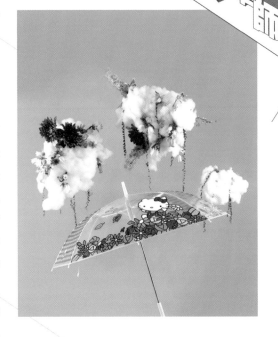

據 Becky 介紹，花店裝修其實可以豐儉由人，以最基本的為例，店內只需要一個鋅盆、一個雪櫃便可營業，300 呎的店面裝修連 10 萬元也不用。

相比起裝修，入貨成本則較難節省。在網店時期，Becky 是接到客人訂單後才到花墟選購鮮花：「無論我買多少，也沒有所謂的批發價，所以成本較高。」

到後來開設實體店後，由於需要在店內陳列鮮花，Becky 便開始從荷蘭直接入貨，雖然是新鮮空運到港，但成本仍比花墟要低。

以鮮花為疫情帶來歡笑

Hahahaflorist 取得成功，主要是有賴於準確的市場定位以及入貨的成本控制，因此在第三次危機出現之前，經營一直一帆風順。

這次危機是 Becky 無法逆料的，也是衝擊最大的一次，正是整整三年的新冠疫情。

「插花是奢侈品，客人在逆境中首先放棄的就是花，所以對我們來說是一個極大的危機。」

在疫情前，單是情人節的營業額已讓不少花店足夠維持一年。但一個疫情令整個行業生態大洗牌，客人的消費意慾大降，現時業界已習慣，只靠節日不足以支撐生計。

「我們要不斷向前，步伐一點也不可以停。情人節一過，第二天已經要開始動腦筋，接下來的一季要引入什麼新花種，要推出什麼新產品。」

為了增加淡季的收入，Becky 開始推出不同周邊產品，例如口罩、杯以至茶、曲奇等。此外她亦經常舉辦不同的展覽，用鮮花為長困在家的香港人帶來一點歡樂，同時也增加公司的曝光率。

「我們是一間花店，但同時也不只是一間花店，還可以涉足很多其他範疇。」

最近 Hahahaflorist 更發展教學工作，於 2021 年成立花藝學校，提供證書課程，至今已超過 200 位學生畢業。

成功竅門：

· 洞悉先機 化危為機
Becky 曾面對多次危機，包括紙媒沒落及疫情等，但她憑藉敏銳觸覺預早洞察到危機先兆，早著先機，每次均能化解危機，更轉型成功將事業推上另一層次。

· 良好人際關係
記者出身的 Becky 雖已轉行多年，但仍能與傳媒和公關界的朋友保持良好關係，這人際網絡為她打開接觸跨國大品牌的大門，是一份可遇不可求的珍貴資產。

人工智能的年青力量

人工智能 (AI) 已是未來科技發展的新趨勢，有部份人擔心人工智能將可能取締部分職能，但亦有人擁抱新科技，將之變成推動企業發展的助力。Dayta AI 於 2018 年開展業務，利用人工智能、大數據及雲計算科技，為商場及零售商舖客戶提供人流數據分析，從而協助企業制訂更精準的推廣及銷售策略。

　　Dayta AI 的幾位創辦人早在大學時期開始創業，由最初的傳統補習社進化為網上補習平台，繼而再加入人工智能元素發展成 AI 教育平台。雖則未能成功，但其中應用人工智能的元素已吸引到投資者的青睞，認為此範疇具有不少發展潛力。

　　在聽取到多方投資者的建議後，幾個創辦人決定將公司轉型，致力發展人工智能技術，為不同企業提供訂制人工智能解決方案。同時他們亦經常參加不同活動和比賽，並從中汲取經驗及觀察市場上的需求。

　　半年後，公司參加了跨國品牌集團 LVMH 的一個比賽，迎來了重大轉捩點並成為確立發展藍圖的契機。聯合創辦人兼行政總裁屠厚鈞（Patrick）表示：「LVMH 每年都會舉辦大型活動，但活動成果難以估量。於是我們便提出方案，使用會場內的鏡頭，運用 AI 和大數據，利用所錄的影像分析參加者的年齡、性別及互動情況等數據。」

　　這份方案除了為他們贏得冠軍寶座，LVMH 其後更將一些實例交給他們進行分析，亦令他們從中得到啟發 —— 像 LVMH 這樣的大集團也有數據收集的需求，零售業界對這方面亦一定有需求。

零硬件人流分析方案

　　花了一年半的時間，針對商場及零售店舖提供的人流分析方案 Cyclops 正式面世。Cyclops 的原理簡單直接，只要將客戶現有的閉路電視（CCTV）或網路攝影機（IP camera）連接到 Dayta AI 的雲端伺服器，便可根據所收集的影像進行數據分析，而所得的數據將為客戶提供建議，優化他們的經營策略。

　　Cyclops 受客戶歡迎的其中一大特點是「零硬件」，絕大部份客戶毋須添置任何器材，只需將原有的鏡頭連接到 Dayta AI 的雲端便可。Patrick 解釋，商場或零售店原有的硬件不容易更換，拉線、安裝等工程涉及大量時間及成本，因此不少客戶都對這類數據分析服務望而卻步。除了沿用現有的鏡頭，Cyclops 使用雲計算進行分析，客戶毋須騰出空間擺放伺服器，省卻了不少煩惱。

以商場客戶為例，Cyclops 的效益主要分為三方面：

1. 租務：分析場內各個租戶的表現及其原因，並提出改善的建議，達致商場及租戶雙贏；

2. 市場推廣：分析場內不同位置廣告牌前及推廣活動的人流，從而得出各項營銷活動的成效，有助商場向租戶推銷及定價；

3. 業務運作：了解及改善商場人流控制及確保設施使用率及質素。

至於零售商舖亦有不同助益：

1. 店前：透過分析在店前經過的人流及進店率，客戶可制訂更好的視覺營銷策略 (Visual merchandising strategy)，更有效地吸引行人的目光；

2. 店內：Cyclops 能仔細分析不同客人在店內不同區域的停留時間、看過哪件產品，以便店舖調整陳列貨品的策略。

銳意打進歐美市場

經過五年努力，Dayta AI 現已得到多個大企業的信賴。但其實在成立初期，他們亦曾遇到不少挑戰，亦曾因年輕而遭受質疑：

「在創業初期，我們只是剛畢業的大學生，公司亦非傳統的大型企業，不少客戶都會因此擔心我們能否長期提供穩定的服務，抑或轉眼便消聲匿跡。」

Patrick 亦承認，作為初創企業，他們缺乏相關經驗和背景。幸然，透過加入香港科學園和香港人工智能及數據實驗室（HKAI Lab），增強客戶對公司的信任，陸續有客戶因此使用他們的服務。

除了加入初創機構支援計劃，Dayta AI 亦十分積極參與不同機構所舉辦的活動及比賽，並且屢獲殊榮，包括香港零售管理協會舉辦的 2020 年智能零售科技金獎、政府資訊科技總監辦公室舉辦的 2021 年香港資訊及通訊科技銀獎等。2021 年，三位創辦人更榮登福布斯亞洲 30 位 30 歲以下精英榜。

　　除此之外，Dayta AI 亦獲評為 2021 年貿發局創業快綫的十大優勝初創之一。這次比賽將 Dayta AI 的品牌衝出國際市場，除了與泰國及越南的客戶取得聯繫，更有機會參加香港以外地區的展覽會。

　　截至 2023 年初，Dayta AI 已在東南亞多個地區營運，未來更銳意打進歐美市場。Patrick 指，由於 Cyclops 全經由雲端運作，涉及線下營運的成本不高。因此即使客戶偏布全球，只要能夠上網便可使用。

　　為配合國際市場的發展，Dayta AI 已積極優化其技術，例如研究怎樣配合不同地區國家的上網規格，使得當地客戶能兼容他們的產品。此外，他們亦希望可以推出更多元化的數據給客戶，使客戶能更深入及全面分析自己的業務。

成功竅門：

· 毋畏挫折屢敗屢戰

Dayta AI 的創辦人都是有衝勁的企業家，即使遇上挫折亦不會輕易氣餒。無論是補習社轉營、還是顧客對產品缺乏信心，都能沉著應戰，耐心找出應對方法。

· 參加活動提升知名度

近年香港每年都有數千間初創成立，單靠創意並不能夠突圍而出。Dayta AI 藉著參加不同活動及比賽，不但能在短時間內提高知名度，更可藉機拓展至海外市場。

Work Smart, Play Hard

創業家不少都擁有專門知識或技能，或天馬行空的創意，但不管在本身的領域有多出類拔萃，甚至是天才也好，很多都會被一樣挑戰難倒，甚至最終以失敗收場。那就是管理賬目。單是入賬一項，上至租置辦公室，下至買一支原子筆，每到月底手上那一疊既多且亂的賬單，足以煩得令人懷疑人生。但在 21 世紀，work smart, play hard 才是王道，要 smart，當然要借助科技的力量，將繁瑣、費時的工作交給人工智能（AI）代勞。

AI 會計初創 Binery 的四位創辦人覷準市場，推出針對中小微企的 AI 會計軟件，為企業老闆減省處理賬目的時間之餘，亦能大大提高會計師行的工作效率。

Binery 創辦人之一的 Haywood 指，他們約在三年前決定開發 AI 會計系統，箇中原因，主要是他們洞悉到市場正面對兩個痛點，具備轉化成商機的潛力。

首先是會計業，現時香港約有 6,000 間會計師行，而不論是大型會計師樓還是蚊型行，都有一個共通點，就是愈來愈難聘請人手去處理入賬工作。

「事實上，會計師行亦不太願意做入賬，這工作既繁瑣又花時間，但偏偏利潤卻很低。他們都寧願承接審計、顧問這些高增值工作。」

另一方面，市面上雖有各色各樣的會計系統，但對中小微企的老闆而言，他們有時間或精力，都寧願花在處理業務上，而不是由零開始去學習使用這些系統。

「這兩個趨勢加起來，就形成了我們的切入點。我們要嘗試找出一個解決方案，同時解決這兩個問題，做到一石二鳥。」

自動化財務管理方案

經過一番研究，以 AI 運作的「自動化財務管理方案」便應運而生。現時 Binery 的系統主要為客戶提供入賬服務，以及生成收益表、資產負債表及現金流量表等基礎營運狀況資料。

入賬方面，坊間一般的做法是客戶將所有買賣單據交給會計師，由會計師行職員逐張逐張的人手輸入電腦。至於 AI 入賬，過程就跟平時商場購物儲積分一樣，用戶只需使用手機掃描單據，待 2 至 5 秒後，有關資料便自動上傳到會計系統內，完全不經人手。

傳統以人手入賬的話，一個會計師平均只能處理十個客戶。若改由 AI 處理，處理客戶的數量則可以提升五倍至 50 個，效率提升自然亦大大提高了利潤率。

暫時 AI 系統的唯一「罩門」是手寫單，「以現今科技，仍然無法準確識別手寫單，所以必須交由我們的同事人手處理。」負責 IT 的另一位創辦人 Calvin 解釋。

如果單純負責入賬的話，對 AI 系統而言委實有點大材小用。
Binery 的財務管理方案當然不止於此。單據資料上傳後，系統會結合客
戶提供的銀行月結單上的交易記錄對賬，藉以生成分類賬目，以及收益表、資
產負債表及現金流量表，讓客戶 360 度的審視營運狀況。

「我們很多客人，尤其是做餐飲業、貿易及電子商貿的，都需要每個月審視這三
份報表來密切監察財務狀況。」

除此之外，系統更可以分析客戶哪一樣貨品較受歡迎，哪一樣利潤率較高。「以
餐廳為例，我們在處理賬目時，能夠了解到，這間分店較多客戶點炸魚薯條，那一間
則牛扒較受歡迎。這樣便可以幫助客戶調整策略，擴大利潤。」

專攻中小微企市場

人手處理入賬費時失事，而要訓練 AI 識別不同的單據，也不是一朝一夕的事。
因為每張單據的語言、格式甚至字體都各不同，所以 Binery 在構建入賬系統時，便用
上了多達十萬張不同的單據去訓練。

Binery 現時有 25 位同事，當中近一半的都是負責軟件開發及工程。經過他們費
盡心思的訓練，AI 會計系統識別單據的成功率已達到 95%。「現在我們的系統不但能
識別中、英文的單據，連日文和韓文也難不到它。」

除方便使用及 360 度審視營運狀況外，「自動化財務管理方案」的另一賣點是無上限入賬。一般會計師行都會按客戶日常的交易數量釐定收費，這對餐飲、零售等高交易量的行業而言極不划算。但 Binery 則採用月費計劃收費，任你的單據成千上萬，也可無上限的處理。而收費，只是每月 1,700 元。

Binery 針對的客戶一開始以中小微企為主，因為市場上較先進的會計師行，會向具規模的企業提供數據化轉型等服務，為客戶度身訂造專屬的 app 和企業資源規劃（ERP）系統。

反觀中小微企未必能負擔訂製 AI 系統的成本，於是 Binery 便自行開發一套系統，專攻中小微企市場。而當中又以交易量高但價值較低的行業，如餐飲及貿易等佔大多數。

創投基金助跳出香港

公司最初以這 B2C 的方向營運，但後來發現，他們還可以跟其他會計師行合作，Binery 以外判形式為會計師行處理入賬工作以及提供管理服務，另外亦有會計師行純粹使用他們的 AI machine learning 引擎。

「會計師行的客戶群較大，比我們自己逐個逐個客戶的去找好得多。」

「自動化財務管理方案」不但受客戶歡迎，公司近期更獲得多個創投基金注資，協助他們大展拳腳。

創投基金除了提供資金，亦為 Binery 帶來了不同的經驗：「他們投資了不同的 startups，有很多經驗可以跟我們分享。其次是網絡，這些基金都有海外投資，可以幫助我們跳出香港。」

現時 Binery 的業務已拓展至新加坡、馬來西亞等地。獲得注資

後，他們計劃進一步訓練 AI 系統，令它能辨悉更多國家的單據和銀行結單。此外，他們有意將 AI 入賬的效率翻倍，達到一個會計師能處理一百個客戶，並進而為客戶提供財務分析等其他增值服務。

成功竅門：

Binery 成立不足三年，已有五家創投基金垂青注資。他們的成功之處在於：

· 洞察市場痛點
在公司成立之前，四位合夥人先了解市場經歷的痛點，再將之轉化為創業的切入點。能夠對市場有深入了解，才能贏在起跑線。

· 定位清晰 鎖定目標客戶
根據政府數字，香港的註冊公司接近 140 萬間，驟眼看來經營 AI 會計應該不愁客源。但如果沒有像 Binery 針對性部署，推出專攻中小微企市場的產品，則反而可能會定位模糊，難以在市場建立形象。

傳統燕窩年輕化

白．燕 Nesture 是香港傳統燕窩及科研燕窩品牌。兩位創辦人朱珮欣 Helen 和 趙嘉儀 Myrna，致力將傳統燕窩年輕化及科研化，進行行業大革新，今年更成功勇奪由 Business Innovator 頒發《2023 年度最優秀人氣燕窩及蔘茸海味品牌》。雖然它只是一間初創企業，但亦致力履行社會責任：一方面推動女性創業，願景希望透過燕窩生物科技，以逆齡及醫學為本，為減少社會醫療負擔出一分力，及推動全球可持續發展的燕窩市場。

一邊熬夜看劇一邊敷面膜；一邊吃燒烤，一邊飲養生茶。這似乎成為了當下人們的一種全新生活方式：他們重視養生，但養生觀念已經大不相同，「輕養生」更成為生活中必不可少的一部分，特別是追求高品質生活的都市白領們對養生、滋補的需求早已邁上了新的台階。

她們亦在養生市場上綜合兩大痛點：

第一：了解到年輕一代對於養生追求，但怕麻煩的矛盾及需求。而傳統乾貨及處理時間需時及需要技巧，令很多年輕消費者對此卻步。

第二：了解到坊間充斥著掛羊頭賣狗肉的「糖水式燉品」：意思是裝鮮燉，純粹把不同材料混合而成，而缺乏燉品該有的滋潤感。

透析新世代輕養生概念

從古至今，普遍人會認為燕窩是有錢人及中老年人才吃的補品。其實不然，通過消費者需求升級，白‧燕 Nesture 致力於年輕市場「輕養生」傾向，品牌主打鮮燉燕窩、燕窩甜品、「無激素」燕窩美顏補健品等燕窩產品。

兩人亦結合專業的中醫團隊，推出了專注年輕人市場的「功能性」鮮燉養生美顏糖水及湯水：包括針對豐胸、減肥及脫髮問題等，亦堅拒「糖水式」低成本製造，致力推動「輕養生」市場。

「面對未來，願景格外清晰。打造燕窩「輕養生」只是手段，推動燕窩產品升級，實現大眾化消費實為目的。」

白‧燕 Nesture 的兩位創辦人 Myrna 和 Helen 自小便喜歡美顏養生，她們當初吃盡坊間各大燕窩品牌，但這些品牌有一個共通的弊病，就是大部份的燕窩都是「水多量少」，花千元買的一瓶即食冰糖燕窩，糖和水卻佔了一大部份。

於是兩人便決定在 2019 年中推出自家的燕窩品牌，秉持「本着良心做生意，將心比心，方能長久」的座右銘，希望消費者所花的一分一毫都物有所值。

她們推出首個皇牌產品
- 超高密度極濃燕窩。小小的玻璃瓶內100%裝滿了來自馬來西亞的上等官燕白燕盞，每樽更是香港新鮮製造。在收到客人訂單後，即出貨前一天才浸燕窩、挑毛，出貨當天才燉製，堅持無糖、無防腐劑，保證每一樽送到客人手上的都是最新鮮、健康的佳品。

「燕窩最有效的吃法是每天吃一匙羹，但香港人工作繁忙，連在家中吃燕窩的時間也沒有。我們的燕窩方便攜帶，可以放在手袋內，在午飯時拿出來加入飲料飲用，甚至去旅行帶上飛機食用也沒有問題，實行養生無邊界。」

解讀燕窩中的珍貴營養

從傳統走到科研，把一盞燕窩進行價值創新。

白·燕 Nesture 除了推出鮮燉系列，考慮到有部份人群對於燕窩含有大量激素的誤解而抗拒服用燕窩，甚至認為吃燕窩會影響燕子生態；因此，兩位發展「科研系列」- 集結生物科技教授團隊，投入研發及生產科研燕窩系列。

透過生物科技技術，專注「無激素燕窩」概念，抽取燕窩中最珍貴的燕窩酸並結合不同成份，生產高效用、更親民的「可持續燕窩」產品。此系列的首個產品 - BioNest 無激素燕窩美顏排毒飲，加入日本專利金絲燕窩唾液酸、酵素和益生菌等元素，成功全港首個集排毒、美顏、豐胸於一身的產品。

「燕窩作為傳統的滋補品，幾百年來在消

費者心中形成的認知，加上現代科技的加持，將是燕窩消費增長的源動力。」

　　兩人至今已打造自家過百人代理團隊，致力推動女性及年輕人勇敢創業，未來計劃推出更多科研燕窩產品，更望進軍國內甚至海外，希望把香港品牌及千年的燕窩文化推廣至全世界。

────┼──── 創業初期嚐盡苦頭 ────┼────

　　Helen 和 Myrna 由消費者到成立自家鮮燉品牌，繼而推出自家研發的產品，只是短短的幾年時間。兩位素人一開始更是行業的門外漢，身邊亦沒有熟人指點，全靠兩人不斷摸索學習，更交了不少「學費」才換來今天的經驗。

　　開業初期，由於燕窩是貴價食材，因此兩人的創業成本達數十萬元，當中除原材料外，最大的開支便是人工和宣傳。對於一間初創公司，控制成本尤其重要，因此兩人的宗旨是「應慳則慳」、「應使則使」。為了「應慳則慳」，開業初期，兩人分身十個角色，從宣傳、會計、採購、客服、整網頁、設計等都是一手包辦，就連 Photoshop 也是由零開始在網上自學。

　　「創業初期一定要肯學肯捱，嚐過苦頭後，現在對於公司每位員工及崗位上的運作都非常熟悉；以前做一個項目難度感覺 100 分的，現在再次拿上手也能應付自如。」

　　而在「應使則使」的原則上，她們認為「廣告費絕對不可以慳，因為我們需要在最短時間內吸 likes，收集 followers，再把它轉化成銷售額，否則再好的產品也會浪費，因為成本效益不夠高。」其次，兩人在選購食材方面絕不吝嗇，堅持入口安全、有保證的食材。在挑選供應商的路上，花了不少時間和金錢，甚至曾經遇上無良商人，買了貨不對辦的次貨，結果找了十多間，才找到質量令其滿意的供應商。

───┼── 活出自我，感染更多同路人 ──

　　若瀏覽白‧燕 Nesture 的社交專頁，會發現更多燕窩產品以外的資訊，如一些保健小知識和女性的心靈雞湯金句。Myrna 解釋，她們也是二十歲便開始創業的女性，深信「女生當自強」。女生除了外貌需要美顏，內在也應該不斷的自我增值，勇於追夢和活出自己的人生。因此她們不時在網站與客人分享這些理念，希望吸引更多人瀏覽之餘，亦能感染到更多女生，以生命影響生命。

　　感染他人當然不會只靠幾句金句，Helen 和 Myrna 也經常身體力行，捐贈湯和糖水予露宿者及獨居長者。

　　Helen 指出：「我和 Myrna 有共同的宗教信仰，深信施比受更有福，也想藉著小小的行動，提醒自己除了賺錢之外，其實金錢背後還有更深厚的意義，希望可以感染更多客人和其他商家共襄善舉，為社會出一分力。」

　　除了贈湯送暖，上文亦提及過，兩人成立了一支女生專屬的代理團隊，成為燕窩酸酵素的主力銷售渠道。這隊「娘子軍」來自不同年齡不同背景，有媽媽級、OL，甚至學生。Helen 和 Myrna 會提供不同的培訓，例如成立個人品牌及建立網站、營養學知識，以及經營及與客人溝通的技巧等，目的是協助其他女性創業，體現「女生當自強」的精神。

成功竅門：

‧敢於創新，打破傳統框架
大部份人認為燕窩是有錢人及中老年人才吃的補品，其實不然，白‧燕 Nesture 致力於年輕市場「輕養生」傾向，只要突破傳統框架，也會發現機遇處處。

‧持續提升自己對於世界的敏銳觸覺
世界之大，除了本地營商機遇，亦可放眼世界，了解不同國家的文化喜好，政府方針及企業資助等，發現更多海外商機。白‧燕 Nesture 未來計劃推出更多科研燕窩產品，更望進軍國內甚至海外，希望把香港品牌及千年的燕窩文化推廣至全世界。

‧將心比心 方能長久
與坊間的即食燕窩相比，白‧燕 Nesture 的極濃燕窩份量十足，這印證了她們的座右銘「本着良心做生意，方能長久」。

Chapter 3

「創業者光有激情和
　　創新是不夠的，

它需要很好的體系、
制度、團隊以及良好的
盈利模式。」

by 馬雲（阿里巴巴創辦人）

純素美食救地球

食雪糕竟然可以拯救地球？這說法聽起來有點誇張，但事實上，食品科技公司 Meat the Next 所生產的「未來」食品、半製成品和原材料，均符合環保和可持續的要求，就碳排放而言，差不多食一杯雪糕便等於種一棵樹，所以享用他們推出的美食，的而且確等於為環保出一分力。

Meat the Next 是一間以食品科技研發及生產未來食品的公司，以改善環境為己任。要拯救地球，必先付出不菲代價。創辦人之一的 Edmund 形容，研發未來食品所花費的資金是「無底深潭」。但兩年前他和拍檔成立 Meat the Next 時，並沒有「大水喉」支持，只能靠自己破釜沉舟放手一搏。

「我們兩人當時都 all in 了，連樓也賣了，每人拿幾百萬元出來成立公司。」

賣樓開公司已非易事，更誇張的，是 Edmund 的太太當時才剛懷孕，對一般人而言應該是最需要穩定而不是創業的時候。

剛聽到 Edmund 的計劃，太太也不無猶疑，但經過商量之後，他的賢內座便決定支持 Edmund 去追夢。除因為是對丈夫的支持，更重要的，是太太試食過他們的產品後，也認為值得一試。「當時我將我們的純素雪糕給太太試食，她一吃之下，也覺得這雪糕『一定得』，於是便鼓勵我創業，這樣我才有機會實現夢想。」

建立可持續發展的未來

Edmund 要付出如此大的代價也要追求的夢想，是利用自己研發的食品來為人類建立一個可持續發展的未來。「這世界充斥著污染，很多食物既不健康，亦不環保，所以為了下一代著想，我們希望能用食物來達致可持續發展這目標，減少溫室氣體排放和水資源浪費。」

Meat the Next 的產品分三大類，分別有原材料，例如無腥味大豆造成的植物組織蛋白和大豆粉；半製成品，如植物基肉末、肉絲和肉片；以及製成品，如純素雪糕及植物肉造成的午餐肉和餃子等。

要符合可持續發展目標，Meat the Next 的產品自然是非基因改造的純素產品，且全都不含膽固醇、激素、抗生素或味精。

無腥味大豆乃係自家開發的品種，不經基因改造。而大豆的培植，以及轉化成大豆蛋白等程序，還有其他擠壓、製造及味道封存等技術，全都是 Meat the Next 自行研發。

由種植到加工的整個過程，均符合低碳等環保原則。這才能實現 Edmund 以食品科技拯救地球的夢想。

────── 兼顧環保與味道 ──────

據 Edmund 介紹，畜牧業是碳排放最高的產業之一，因此改吃植物肉，便能間接減少碳排放。又如 Meat the Next 出品的純素雪糕，其中一種原材料虎堅果係於沙漠種植，可減少水土流失，而且所需的水甚少，大量種植亦不會造成荒漠化。

「相比起傳統肉類，每食一公斤我們的產品，就能節省一公斤的溫室氣體排放，相當於一棵樹一年吸收的二氧化碳。」

除了環保，Meat the Next 的食物也標榜健康。他們開發的大豆並無豆腥味，因此加工成其他食品時可以減少所使用的鹽、糖及香精，從源頭開始已做好低糖、低鹽、低脂的基礎。

產品目標宏大，但理想始終需要顧客和投資者的支持才能實現。所以 Meat the Next 產品的另一原則，便是能吸引消費者。

食物要吸引，首重當然是色香味。以純素雪糕為例，要造出能媲美一般雪糕的豐滿口感，全靠 Meat the Next 獨家的焙解技術，將虎堅果與無豆腥味大豆等原材料，製造出牛奶般的順滑感覺。

「我們注重由源頭著墨，由原材料開始考慮怎樣利用我們的食品科技，做到一個完美的產品。」

食品科技推動行業

Meat the Next 擁有一隊專業的食品科技開發團隊，以及各種生產和加工技術，他們正是 Edmund 勇於放手一搏的後盾，是他對自家產品信心的來源。

「市場還有空間、有一定的發展潛力。整個市場可以做得更好，有更天然的方法去製造產品。我們要做到的，是利用食品科技去帶動整個行業的發展。」

除一般消費者外，Meat the Next 也跟不少大型食品企業合作，向他們供應原材料及半製成品，以及提供植物基食品定製開發服務。

無論是面對一般顧客還是企業，Edmund 認為最重要的，是保持初心。「不要忘記當初做這件事的原因，每一日也要保持這份心態，這樣才能把產品做好，消費者也會認同你的理念。」

成功竅門：

儘管 Meat the Next 尚處於起步階段，但在市場上已有一定佔有率。從以下的例子，可大致歸納出他們的成功之道：

・差異化策略
市場上芸芸食品科技公司，大都以基因改造為主，而 Meat the Next 則以「全天然」作招徠，成功突圍吸引投資者、合作夥伴和客戶。

・「淺」入淺出吸引投資者
據說股神巴菲特只會投資他能理解的公司。其他投資者雖然未必如他一樣極端，但要找人注資入食品科技這常人難以了解的生意，箇中難度可想而知。Edmund 深明此理，所以他向投資者簡報時都不會故作高深，而「淺」入淺出，以對方能懂的語言解釋，從而爭取對方支持。

・對自己產品有信心
Edmund 在未成立公司之前已對自己的產品充滿信心，堅信無論在技術、品質或市場潛力方面都定能成功。常言道有信心未必一定贏，無信心一定會輸，Edmund 這種堅定的信心，正是成功人士必要的條件。

・去中心化 節省時間
Edmund 揚言，自己是一個不開會的人。他的做法是「去中心化」，有新項目便直接委派一個負責人，由他全權處理，遇到問題便立即直接匯報。「這樣便不用等到下次開會才報告，白白浪費時間。」

養生 X 美容

美容業在香港發展甚為蓬勃，換言之，市場的競爭已十分熾熱。要在這片紅海中生存已然不易，偏偏美容中心 Aqua Pro Beauty 不但能建立穩固根基，更憑藉養生配合美容的理念，在短短十年間開設了九間分店。

Aqua Pro Beauty 的創辦人 Grace 於美容業有多年經驗，原來她當初入行是與兒時的志願有關，不過她並不是為了自己貪靚，也不是立志要發達，而是為了媽媽。

「我讀書時作文寫『我的志願』，是要幫媽媽找到一個長生不老而又保持漂亮的方法。」

原來陳媽媽是個愛美之人，在 Grace 小時候已不斷跟她說很怕將來會老會變醜，讓 Grace 留下深刻印象。直到長大後 Grace 發現，原來真的有一種方法，雖不能令人長生不老，但可以幫助保持漂亮臉龐，這就是美容，於是她便開展了她的美容生涯。

——————╋ 還源始起，逆轉體齡 ╋——————

Grace 入行後逐漸接觸到不同的客人，了解到他們不同的問題，好像有些客人服食減肥藥瘦身，但卻導致賀爾蒙或內分泌受影響，以致皮膚出現問題。亦有人因為生活壓力而出現情緒問題，也造成內分泌的問題。

這些客人的需要給予了 Grace 一項啟發，原來美容應該由內在出發，身體健康才能將問題根治，人便自然而然的由內而外的漂亮。這令她開始醉心於養生美容，不斷的去進修和研究，並且在 2013 年開設了第一間養生水療美容店。

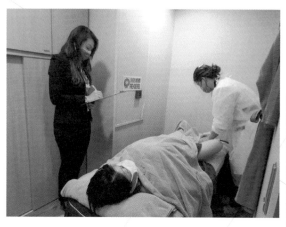

Aqua Pro Beauty 秉持「還源始起，逆轉體齡」的理念，希望能夠幫助更多人將健康養成為生活習慣，達到由內而外的美容。因此，公司將傳統的養生手法配以新一代的智能科技，打造出一套新世紀功能養生醫學。

公司也會與不同的品牌如飲食產品等 crossover，「只要對方與我們的理念一致，以健康為主，如果能夠為我們的客戶引入一些健康食材，未嘗不是一個共贏的做法。」

公司成立至今約十年，已開設多達九間分店。過去三年香港因新冠疫情，美容院大部份時間陷於停擺，理應是業界的冰河時期，但 Aqua Pro Beauty 卻反其道而行，在業界低潮時大肆擴充，新開了兩間分店，全因 Grace 對美容業充滿信心。

「我由始至終都十分看好美容這行業。美容在香港發展得很快，仍然是朝陽行業。」

疫情下逆市擴充

在疫情期間逆市擴充也有點機緣巧合。Grace 透露，她有朋友原本亦是經營美容生意，但因為受到疫情影響而決定忍痛將業務結束。Grace 便本著人捨我取的策略，以比市價略低的價錢接手，進一步擴大業務版圖。

Grace 形容美容業為朝陽行業，並非純粹憑個人喜好而判斷，而是根據多年的經驗及市場分析而得出的結論。

「多年前的美容院只有兩張床，用一條布簾隔開，技師只用一個小盆、幾塊棉花給客人洗面。但時至今日，美容業的服務已發展到涵蓋多個範疇，有養生美容、採耳、水療、紮肚等等，證明這行業有很好的發展前景。」

行業發展蓬勃，競爭也自然劇烈。為了在芸芸對手中突圍而出，Grace 在宣傳方面可謂落足功夫。

Aqua Pro Beauty 六至七成的宣傳開支會用於網上推廣，例如社交媒體廣告，Grace 認為，在現今世代網上宣傳已必不可少，是最重要的宣傳渠道。

此外，公司也注重線下宣傳，除了傳統的方法如寄發通函及聘請推廣員在街上招客外，亦會不時舉辦一些工作坊及講座等，為客戶介紹養生和美容的知識。而近年公司亦引入推薦計劃，而且效果相當不俗。

Grace 坦言，公司用於宣傳方面的開支總值不菲，但她認為最重要的是效益：「在於我的立場，我不會評定為『便宜』還是『昂貴』，而是在乎每項宣傳能夠帶回多少價值。」

星級服務挽留顧客

除了宣傳，服務的質素也是吸引和挽留顧客的關鍵。而要提供星級服務，則必須要藉助優秀人才的付出。

Aqua Pro Beauty 在管理人才方面自有一套系統。他們會聘請專業導師為員工進行全面的培訓，以及負責定期的員工考核，以確保員工的質素，無論是技術、服務及待客態度都達到專業的水準。

公司的技師分為高級和初級技師，他們配對為不同的團隊，以「一帶一」的形式由高級技師引領初級職員成長，待初級技師累積一定的經驗及技術後，亦有機會晉升成為高級技師。

公司亦設有考核及獎賞制度，每年定期由上司對下級評分，評定其過去一年的表現。為了激勵員工努力，公司也不時舉辦不同的比賽，例如由客戶對技師評「星」，高分的話便可獲得獎賞。

無論是人才管理、宣傳或公司發展方向，Grace 均有十分完善的制度及規劃。她透露，在每一年年初她都會因應整個行業的發展而制訂未來一年的策略，經過若干時間後再定期檢討，審視策略的成效及進度，然後再作調整。另外她亦會訂出長線的五年計劃，分析市場的發展空間和痛點，從而制訂長遠的發展方向。

要勝過競爭對手，Grace 認為首要的是熱愛自己的工作，先做好自己，這樣才有熱誠和衝勁去把事業發揚光大。

Grace 其中一個做好自己的方法，是與時並進，花時間不斷去進修，深入了解行業發展和新知識，然後再傳授給自己的團隊，讓同事與公司並肩進步。

「創業並不難，守業才比較難，但要突圍而出則難上加難。不止是美容業，所有行業都在不斷的進步，我們必須了解市場走勢，比別人行前一點，才能締造自己的優勢。」

Aqua Pro Beauty 未來計劃除了會繼續擴展分店版圖外，亦會加強對客戶在養生美容方面的教育，向著全民養生、全民健康的目標進發。另外公司將放眼海外，計劃將技術引入東南亞市場，例如將養生概念與泰國的水療結合，繼而將先進技術與養生理念傳播至全球。

成功竅門：

·規劃周詳
Aqua Pro Beauty 能在十年間開設九家分店，其中一個成功的原因，是 Grace 有周詳的短、中、長線計劃，並且定期檢討及調整，再加上對行業精準的分析，成功建立龐大的美容王國。

·人捨我取
股神巴菲特的投資策略是別人恐懼時我貪婪，Grace 將這宗旨應用在生意上，趁著疫情以低價開設兩間分店，待逆境過後即可大展拳腳。

九龍城的正宗泰國味

香港有個小泰國—九龍城，泰式餐廳、雜貨店、按摩店甚至泰國潑水節也能在裡面找到。而小泰國裡面有間小曼谷，它屹立九龍城二十多年，近年更由九龍城殺入港九新界不同地區，建立龐大版圖。

小曼谷泰國餐飲是真正的家庭式生意，營運總監林振成 Mark 介紹，母親是祖藉潮州的泰國華僑，自少便在九龍城寨用手推車賣湯粉。後來手推車發展成泰式雜貨店和餐廳，之後 Mark 跟著表哥表姐學習做生意，由廚房做起，邊學邊做。

從城寨清拆、機場搬遷到港鐵進駐，Mark 一直見證著九龍城的變化。根據旅發局的資料，20 世紀初，大批潮州人移民泰國再與當地

人通婚，兩地的飲食、文化和傳統逐漸融合。1970 年代，香港經濟起飛，吸引了許多泰華家庭前來發展。他們選擇住在九龍城，是因為附近的九龍寨城中居住著很多潮州人。到了 1990 年代，政府對中環進行舊區重建，令更多原本在中環開店的泰國移民遷至九龍城。

泰國人正宗煮理

正因如此，在區內小小的幾條街道，竟有四、五十間泰式菜館。除了定居香港的泰國人，不少「本地薑」的飲食集團也在這裡投資泰菜，更有遠在泰國的餐廳也越洋過來分一杯羹。

在如此激烈的競爭下，餐廳如何突圍而出？Mark 認為，最重要的當然是食物質素。

從開業至今，餐廳一直堅持所有參與食物出品的職員，都必須是泰國人，務求確保出品是正宗的泰國菜。但 Mark 說，香港一共才三萬多個泰國人，不足以應付這麼多泰式餐廳，所以他們亦會從泰國邀請出色的廚師來香港坐鎮。

除了廚師，其他如侍應等職員也會以泰國人優先，這一方面可讓食客有更地道的泰國體驗，同時也是幫助本地泰國人的鄉情。

人選需要堅持，食材當然也不能馬虎，小曼谷在這方面亦有一份執著，必定選用新鮮、地道的食材。

「在九龍城有一定優勢，就是容易買到泰國材料。即使在疫情期間，仍每天有新鮮食材從泰國空運到港。」

但在競爭白熱化的泰式餐廳市場，單憑食物質素並不足以獨佔鰲頭，食客的其他體驗也必須照顧周到。在數年前開業的銅鑼灣旗艦店，裝修方面花盡心思，加入火車元素，每個卡位都佈置得像車卡一樣。而餐廳內更加設了一個小型舞台，安排樂隊現場表演，讓食客仿如置身於泰國一樣。

———┼——引入泰國零食及雜貨——┼———

另一方面，Mark 本人約在三數年前加開另一戰線，創立 MM3 食品公司引入泰國零食、生活用品及其他雜貨等於超市及便利店出售，力求增加市場上的競爭優勢。

這業務的開始原是無心插柳，過往餐廳會從泰國入口青檸、椰青等食材自用，後來疫情爆發，口罩需求增加，當時每盒口罩在香港的售價比泰國高出數倍，Mark 留意到需求出現，於是便在泰國物色防疫用品以及其他食品和生活百貨等引入香港，以平價提供給市民大眾和醫護團隊。

「我是半個泰國人，溝通方面有優勢，方便尋找不同貨源。」

三年來新冠疫情是前所未見的難關，餐廳三不五時便要停業。為了克服挑戰，餐飲業亦曾費盡心思。

「我們同事們商量了很久，要怎樣應付今次關卡。重點是不要被這困局困著，雖然是在困境內，但我們相信裡面仍有很多空間可以發展。」

Mark 決定加強宣傳，一方面自己拍攝節目，又做網上直播及利用出位搞笑的泰文廣告宣傳，同時與外賣平台合作推出不同優惠，目的是維持曝光率，讓市場注意到品牌的存在。

© 香港潑水節 Songkran HK 2023

其實早在疫情爆發前，Mark 已深明宣傳的重要性。「泰式餐廳競爭激烈，而凍肉店、食品店市場也開始飽和，所以我們很早之前已做好準備，利用媒體增加曝光率。」

除了廣告和製作節目，近年在九龍城和荔枝角出現的泰國潑水節，也是小曼谷與其他團體聯手協辦，一來可以將泰國文化引入香港，與眾同樂，同時也可為餐廳作宣傳。

餐廳能順利過渡疫情一役，與一眾同事身經百戰的經驗不無關係。

殺出九龍城

老街坊或許有印象，小曼谷的總店原本位於南角道，正好對著現時的港鐵站出口。由於當年港鐵伸延至九龍城，南角道總店的大廈被收購重建，Mark 形容當時是晴天霹靂：「我們是看到新聞才知道重建，那一刻真的被殺個措手不及。」

Mark 憶述，表哥不希望就這樣結束，將一班員工遣散了事，於是決定另覓新店，在銅鑼灣開設現時的旗艦店。Mark 坦言，銅鑼灣租金高昂，再加上疫情，近年的經營都比較困難。疫情過後，亦希望回復正軌。

除了家人之外，同事的付出也十分重要。「港鐵通車後，我們一班同事不止沒有吃飯，是忙得連水也沒有時間喝。但他們沒有半句怨言，只是咬緊牙關拼命做，這就是我們飲食業的韌力。」

繼銅鑼灣店後，近年小曼谷又先後在元朗開設不同類型的分店，再加上九龍城的幾間分店，餐廳版圖已覆蓋港九新界。

據 Mark 說，疫情期間店舖租金有所回落，尤其是旺角、尖沙咀等旅遊旺區，租金下跌幅度更大，但未來的發展方針，將以筲箕灣、將軍澳等偏重民生的地區為主，

因為以飲食業而言，這些地區的消費力反而會更旺盛。

Mark 的另一目標，是希望將泰國傳統的市集引入活化的工廈，不但售賣泰國食品和生活百貨等，還將泰國傳統藝術文化，如泰拳、舞蹈等一併帶來香港。

成功竅門：

·各司其職 合作無間
「人多」的結果是「手腳亂」還是「好辦事」，完全取決於態度。企業管理層雖然人多意見多，但一來懂得互相尊重，二來亦各司其職，做好自己的本份，帶領餐廳走過重重難關。

·將心比心 善待員工
任何公司也會將「員工是我們最重要資產」掛在口邊，但 Mark 卻能將這理念真正體現出來。身體力行，由低做起，無論廚部、樓面、宣傳，每個細節也一起參與，群策群力。

年輕夫婦恩物

鑽石一向被視為愛情的象徵，求婚時送上一枚鑽石戒指，意味著兩人的感情像鑽石一樣永恆不變。除象徵意義，鑽石與愛情在另一層面上也有相同特性，就是兩者都需要付出代價才能擁有。

　　一顆稍有份量、級數中等的鑽石，可能已價值逾10萬元，並非人人可以負擔得起。幸好皇天不負有情人，隨著科技進步，近年市場上逐漸興起實驗室培育鑽石，為天下有情人，提供另一較相宜的選擇。

　　Diamonds Gallery 自 2019 年開始經營實驗室培育鑽石，是將培育鑽石引入亞洲市場的先鋒。

　　公司創辦人 Dennis 約十年前剛畢業便投身鑽石批發公司，工作約數年後自立門戶，開設自己的鑽石生意。成立初期 Diamonds Gallery 只經營天然鑽石，Dennis 甚至曾經對實驗室培育鑽石不屑一顧：「在創業前已聽說過培育鑽石，但對它的感覺只是一般，認為屬於旁門左道，自己頗為抗拒。」

天然鑽石的好姐妹

　　直至 2019 年，一位日本客人向 Dennis 查詢培育鑽石，他才開始認真研究，不但大量搜集資料，還拿著天然鑽石和培育鑽石實物作比較。他發現放在面前的兩顆鑽石，無論是肉眼還是放在顯微鏡下，都看不出有任何分別，這時他才開始對培育鑽石有所改觀。

所謂培育鑽石算不算是鑽石？既然連顯微鏡也看不出分別，究竟實驗室培育鑽石與天然鑽石的區別在哪裡？

Dennis 表示，實驗室培育鑽石是百分之一百的真鑽石。它與天然鑽石一樣，無論化學、物理還是光學特性均完全一致，化學成份兩者都是純碳組成的立方晶體，硬度同樣是摩氏 10 級，折射率一樣是 2.417-2.419。天然鑽石和培育鑽石的唯一分別，只是在於成長環境，

一個是地殼深處；另一個則是實驗室內。

事實上，不少權威機構已對培育鑽石加以認證，如美國聯邦貿易委員會 (Federal Trade Commission，FTC) 於 2018 年已公開認證，實驗室培植出來的鑽石，是真正的鑽石。

———— 培育鑽石優勝之處 ————

與天然鑽石一樣，美國寶石研究院 (Gemological Institute of America, GIA) 會向實驗室培育鑽石發出 GIA 證書，唯一分別是培育鑽石的證書貫徹環保可持續理念，只提供電子證書而不設實體版。除 GIA 外，Diamonds Gallery 出售的培育鑽石更有另一業內權威國際寶石學院 (International Gemological Institute, IGI) 的證書認證。

所謂實驗室培育，就是在實驗室內模擬鑽石成長的高溫高壓環境，約數星期後，碳便會自然結晶成為鑽石。期間並無添加任何化學元素，只是讓它自然成長。

一顆一卡的石胚，亦即未經人工拋光打磨的鑽石，只需大約一個月時間便可形成。Dennis 補充，天然鑽石如在相同的環境下，其成長時間亦會一樣，只是現在利用科技重現並加速整個鑽石的生長環境。

實驗室培育鑽石嶄露頭角，自然有其優勝之處。Dennis 指出，開採天然鑽石需要大規模推土伐木，對環境造成嚴重破壞，亦產生大量碳排放；而採礦過程更牽涉童工、強逼勞工及血鑽等人道危機。

此外，由於開採成本高昂，天然鑽石只有大財團才能開採，造成貨源單一，市場價格自然被壟斷。相反，培育鑽石的生產成本遠低於天然鑽石，售價也更合理，平均一顆培育鑽石的價格只是天然鑽石的四分之一左右。

推動培育鑽石普及化

Diamonds Gallery 自七年前起開始營運，由天然鑽石批發業務作為開端，創辦人 Dennis 經歷多次心態和認知上的變化後，終於在「可持續」概念抬頭，並適逢疫情初期市民消費變得審慎的 2020 年，把公司轉營至零售培育鑽石的跑道上。

作為引入培育鑽石的先驅，Dennis 看準了培育鑽石的前景，認為培養鑽石才是珠寶行業的未來。

透過不斷推廣的努力，再加上公司已有一定基礎，行內亦有相當人脈，現時公司發展總算能穩步向前。

Dennis 說，現時市場大部份人仍然鍾情於天然鑽石，因此他希望加強市場教育，讓客戶對培育鑽石有更深了解，從而令培育鑽石更加普及，實踐他們的品牌理念：讓更多人在婚嫁的美好時刻作出更符合自己意願的決定，更能以可持續的鑽石，去襯托能永保存的愛情。

「傳統觀念認為求婚必須要有鑽石，但天然鑽石價格太高，很多年輕夫婦資本有限，往往將價就貨，把質素降到極低，這根本是本末倒置。」

「教育客戶最直接的方法是將兩顆鑽石放在他們面前，給他們一個十倍放大鏡，讓他們自己看兩者的分別，再慢慢解說有關資訊。」

Dennis 表示，實驗室培育鑽石已是大勢所趨，許多國際知名的首飾品牌開始加入培育鑽石的行列，徹底改售培育鑽石，甚至部份本身擁有鑽石礦的大品牌，也加開培育鑽石的產品線，為可持續發展出一分力。

成功竅門：

・突破心理關口 成為市場先驅

市場對新產品的接受能力往往比較慢熱，甚至連 Dennis 本身也曾有所懷疑。但他能抱開放態度，不但為公司擴闊市場，更在潮流方興未艾之際已順勢而起，已然贏在起跑線。

以生命影響生命

讀書時相信不少人也曾質疑過，為什麼要唸這唸那，尤其是歷史之類的文科更是被懷疑的首選。老師、家長的答案通常都沒有什麼說服力，但英響教育集團創辦人饒義興Stephen 則身體力行，用事實證明讀歷史也有助創業。

Stephen 自言小時候讀書不算勤力，也欠缺讀書方法，直至副學士時才發奮，還悟出自己的一套讀書心得。他自己取得好成績後，亦希望將這套方法分享給其他人，自此便萌生了開補習社的念頭。

首間英譽教育（當時名為英基教育）於 2010 年成立，至今已發展至三間分校，全都設於葵青區。身為教育家的 Stephen，對分校選址亦別有一套見解：「很多人都以為讀中史沒有用，但有玩過三國志的都應該知道，胡亂出兵乃兵家大忌，應該先鞏固自己的城池，才可以向外擴展。所以我們也先做好這個社區，再作其他考慮。」

塑造名師形象

香港的補習社可謂成行成市，即使只在一個地區站穩陣腳已非易事，對此 Stephen 也有一套獨到的策略。

在學科方面，英譽教育集中於中、英、數三科必修科。「任你選修科成績再好，但升中學或入大學時，計分比重最多的始終是三科主科。所以我們會集中火力，教授學生怎樣駕馭這三科。」

中文 · 英文 · 數學 · 中史 · 文學

補習社最重要的當然是導師，跟其他大型補習社一樣，英譽教育也會為旗下導師包裝，塑造名師形象，但最重要的還是他們有真材實學，所以公司在背後會提供大量支援，讓導師在教學和形象方面都能得心應手，盡情發揮。

在挑選導師方面，英譽教育對師資有嚴格要求。Stephen 指，大學畢業只是基本條件，但一個好老師不能只在乎學歷，因為學歷高不代表他／她擅於傳授知識的技巧。

「在篩選老師時，我們會要求他／她模擬授課的情況，我和其他同事當學生上課，觀察他們的表現。」

表現分為三方面，最基本的當然是應徵者能否清晰講解概念，其次是他們有沒有任何獨特的方法授課：「這方面十分重要，因為可以表現出他的個性，及協助

學生提升成績的可能。」

　　但最重要的，是他/她有沒有吸引學生的能力：「學生每天上學已八、九個小時，之後還要補習。如果沒有吸引力，很難讓學生繼續集中精神聽下去。」

以生命影響生命

　　英譽教育的經營方針另一獨到之處，是客戶關係管理 (CRM)。Stephen 指，其他大型補習社未必會注重 CRM，他們也許師資過人，教學方法優越，或許學生眾多，未必能照顧每一個學生的需要。

　　「我們十分重視溝通，不單是學生，還有與家長的溝通，一但注意到他們有什麼困難或阻礙，我們便會立即提供協助。」

以學生的成績為例，Stephen 表示，葵青區有不少學生，全都有不同需要，而當中最需要照顧的是成績未如理想的一群：「或許師長未能有效幫助他們，或許他們自己也放棄自己，所以我們想盡辦法向這班被遺忘的學生伸出援手。」

Stephen 一直以幫助他人為己任，這多少與他的自身經歷有關。他坦言，年輕時曾經失戀，又因缺乏從商經驗而欠債，再加上得不到家人體諒，在三重打擊下一度嘗試輕生，幸好當時一位陌生人「芳姨」和她的女婿不介意三更半夜的與自己促膝長談，終於勸他打消了輕生的念頭。

「我深深體會到以前老師所說的『以生命影響生命』，所以希望將這份愛傳承下去，讓更多人感受得到。」

2018 年颱風山竹襲港，區內可謂滿目瘡痍，Stephen 便自發率領一眾同事上街清理，讓市面盡快回復正常。

另外，Stephen 經常走訪不同的中、小學，向學生傳授理財、創業的心得以及領袖技巧等，目的是培養未來的社會領袖。

而在疫情初期，本港嚴重缺乏口罩，他們用盡方法在全球搜羅，免費派發愈十萬個外科和「快測」口罩給學生、家長、長者、露宿者和清潔工友，盡力保護社區。

疫情下推動網課

對補習社而言，疫情可謂最艱難的時期。當初教育局宣佈停課，英譽教育第一時間配合，這雖然有助保障師生安全，但同時卻在財政上構成極沉重的壓力。為了繼續營運學校，Stephen 和整個團隊足足花了無數個凌晨研究網上授課。

「我們是全港第一批實施網課的教育機構，這過程非常痛苦，因為當時大部份人都沒有這方面的經驗。我們每日通宵達旦的研究，經常工作至天亮，回家隨便洗個澡又回校繼續拼搏。」

努力最終亦得到回報，學生和家長一開始對網課都抱懷疑態度，但經過幾個月的實戰，紛紛都對這新時代的授課方法表示肯定。

但對部份學生來說，網課仍有一定

的限制，例如家中的器材不足或網速太慢。為了讓學生能繼續學習，英譽教育當時亦不計成本，將一疊一疊的數據卡免費派給有需要的學生：「我們別他無法，因為學習必定是放在第一位。」

除了教學，Stephen 希望這份大愛能感染其他人，令不同年齡層的人都對社會多一點關懷。他更有一個「終極願望」，就是在退休後可以去第三世界辦學，讓更多兒童有機會接受教育，用知識改變命運。

成功竅門：

・以史為鑑
英譽教育活用歷史教訓，明白向外擴展的首要條件是先鞏固根基，因此在地區上先紮根於葵青區，而學科亦先專注於中英數三科主科，本身穩打穩紮的同時，亦為學生打好基礎。

・作育英才
除教授書本上的知識，英譽教育全體更身體力行地照顧學生、家長、甚至整個社區的需要，不但做到「以生命影響生命」，從另一角度來看，對品牌也帶來正面作用。

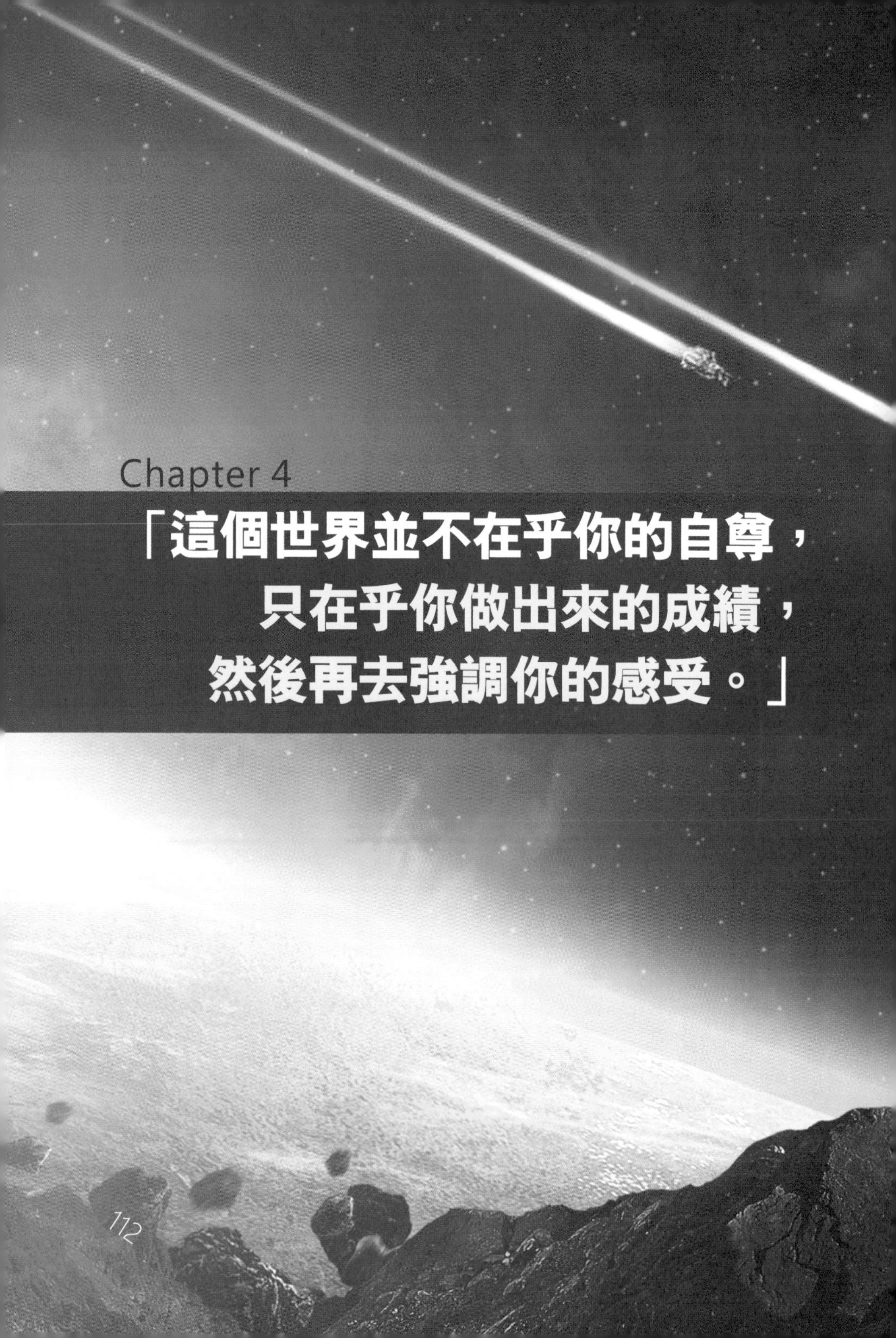

Chapter 4

「這個世界並不在乎你的自尊，
　　只在乎你做出來的成績，
　　然後再去強調你的感受。」

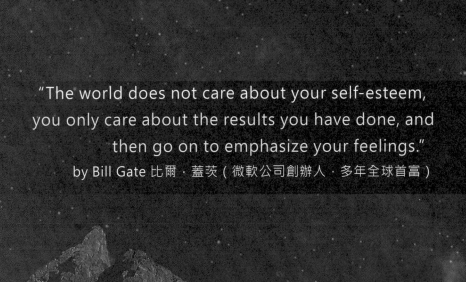

"The world does not care about your self-esteem,
you only care about the results you have done, and
then go on to emphasize your feelings."
by Bill Gate 比爾・蓋茨 (微軟公司創辦人・多年全球首富)

大學與企業的媒人

全香港共有 11 間大學，每年有超過 3 萬名新生入學，對於針對年輕人市場的企業而言，這絕對是一個不可多得的市場。但要打進這市場，難度可能比入學成為天子門生還要高。幸好讀書不能夠請槍，但做生意卻可以找人代勞。

　　市場推廣代理公司 U-Kingdom Management Limited，正正是企業與大學學生會之間的「媒人」，以一站式配對服務，為雙方穿針引線，一方面協助企業滲透入大學市場，同時亦為一眾學生爭取到豐富資源舉辦學生會活動。

　　U-Kingdom 創辦人福 Sir 介紹，他們以 11 間大學共六百多個學會的迎新活動（Ocamp）為初期業務的切入點，當客戶有產品或服務希望向大學生推廣或邀請他們試用，U-Kingdom 便與目標學會聯絡，以「福袋」的形式免費派發給參加 Ocamp 的同學，或者要求學生「做任務」，例如成為客戶會員、下載客戶的應用程式或追蹤其社交媒體專頁等，完成後便可取得優惠。

　　這工作說來簡單，但其實知易行難。

親身了解大學生需要

　　「對客戶來說，要聯絡十來個學會，單是打電話找到對的學會接頭人已很痛苦。而大學生找公司贊助亦不容易，一個福袋有 10 至 15 款禮品，沒有門路的話也無從入手。」

　　但對福 Sir 而言，這工作可說是為他度身訂造。

由大學畢業至今，福 Sir 的職場生涯一直都離不開年輕人。他原是社工出身，曾做過外展、青少年及學校社工，後來執起教鞭於大專院校當老師，每天都與年輕人打交道。

教書時期福 Sir 是學生會的負責老師，這實戰經驗讓他了解到學生在搞活動時的需要，例如場地、資金的贊助。他當時已萌生念頭，有意組成一個網絡作為學生與不同商家之間的橋樑，好讓學生取得更多資源以一展所長。

後來福 Sir 轉換跑道創業，成立市場推廣代理公司。在機緣巧合下，最後他又再與年青人走在一起。

公司在成立初期，並無特別針對年輕人市場，後來一位客戶請求公司幫忙將品牌打入大學市場，福 Sir 當時也沒有周詳計劃，只是自然而然地回大學母校找師弟妹幫忙，嘗試透過他們的 Ocamp 向新生入手。

這次活動只做了一間大學五個學會的 Ocamp，但想不到竟產生了雪球效應：「當其他學會看見有禮品派，便紛紛向那 5 個學會詢問怎樣聯絡我們這『聖誕老人』，結果一傳十、十傳百，第二年我們已打入 30 多個 Ocamp，但其實我們也沒有刻意宣傳。」

────┼──── 無本生利　知易行難 ────┼────

全盛時期 U-Kingdom 在一年內共滲透入全港 11 間大學逾 200 個 Ocamp，受眾接近 4 萬人。而最輝煌的一次成績，是某大銀行新推出一個即時轉賬的手機應用程式，要求 U-Kingdom 協助打入大學市場。他們於是在新生入學註冊日 Ocamp 報名之攤位著手，同學只要即場下載再用來繳交報名費，不但可享有 9 折，還有記事簿、充電器、文具等一大堆贈品。

「我們曾向客戶承諾會有 7,000 個下載，我們當時很有信心，因為預計受眾達到 3 萬多人。結果我們輕鬆達標，單一宗生意便帶來六位數字的收入。」

福 Sir 笑言，他們是近乎無本生利。U-Kingdom 的收入來源，是客戶支付的營運費，並按學生做任務的數量收取利潤。而送給學生的贈品及其他優惠，全都由客戶掏腰包，所以他們本身的成本只是有限數。

既是無本生利，行內競爭豈非十分激烈？

事實上，要複製他們的經營模式真的不難，但難度就在於實際操作上。他們作為學生與品牌之間的中間人，因為雙方面都各有不同需求，要不停來回協調，過程可謂十分痛苦，少一點心機和耐性也無法成事。

福 Sir 不諱言，與大學生相處很有技巧，必須了解他們的思維和需要，費盡心機又哄又逗，才有機會取得他們的信任。

而這方面，正是福 Sir 的獨有優勢。他本身已很喜歡與年輕人傾談，加上他多年做社工和老師的工作經驗，令他練就一身與年青人溝通的好武功。他慶幸大學所學所知都能夠用之於生意上。

除福 Sir 這類饒富經驗的老手，最懂得與年輕人溝通的當然就是年輕人。所以，U-Kingdom 傾向聘請一些應屆畢業生或在學實習生，他們與大學生距離較近，亦了解他們對贊助的需求。

─────┼───校園活動數碼化───┼─────

所謂「懂得與年輕人溝通」說起來有點抽象，也許其中一個贏得對方信任的方法，是不要只談利益，要真心為方著想。

「我們有心幫助學生發展，為他們爭取更多資源。我們也會跟他們分享一些課堂學不到的知識，例如怎樣與人相處、開會技巧、學會的運作等等，我們樂於提供意見，所以學生也很歡迎我們。」

正因如此，針對 Ocamp 市場的市場推廣公司不出 3 間，而 U-Kingdom 已成行內龍頭。雖然貴為領頭羊，但福 Sir 說，他們近年已開始轉型，從 Ocamp 以外的渠道向大學生入手。究其原因，還不是一場疫情。

由於限聚令，過去幾年實體 Ocamp 都幾近絕跡。福 Sir 因此驚覺，以後不能再單靠 Ocamp 去維持業績。現今世代的大趨勢是數碼化，U-Kingdom 亦順應時勢，將校內活動和人與人之間的網絡數碼化。

為與學生保持緊密關係，公司已開設 Facebook 和 Instagram 專頁，內容都與同學息息相關，例如分享他們活動的訊息等。

此外，公司於上年推出全港唯一一個大學生網購平台 U-2Buy.com，乃是針對宿舍的宿生日常購物而推出的全新生意模式，以額外優惠價格為學生提供世界各地不同品牌的零食飲品、美妝、保健及運動相關產品。

另外，福 Sir 亦明白大學生之間的交流頻繁，所以於今年度推出全新的 DU 交友手機應用程式，為所有大學生提供一個平台去促進人與人之間的線上交流。平台的用戶均經驗證為大學生，他們不但可以以學院為單位去認識其他院校的大學朋友，更能用來作學術交流或交友溝通。

成功竅門：

‧真誠溝通贏取信任
也許由於福 Sir 是社工出身，他不但善於與年青人溝通，更將幫助他們視為工作的一部份。這份心意讓他贏得了學生的信任，亦成了事業成功的鎖匙。

‧審時度勢 適時轉型
藉贊助 Ocamp 作市場推廣是 U-Kingdom 的本業，但一場疫情令他們發現，將所有雞蛋放在一個籃裡並非長遠之策。他們能夠立即作出反應，實行數碼化轉型，立即便能將劣勢扭轉。

東瀛美食解鄉愁

不少香港人視日本為「故鄉」，一有機會便「回鄉」祭五臟廟。但畢竟受時間和本錢所限，要經常飛往日本並非容易。所以，東瀛美食在香港近年大行其道，當中由日本空運直送的和牛、刺身等，更是一解思鄉情的首選。再加上疫情封關，日本變得可望而不可即，讓經營食品宅配的公司成為逆市上升的奇葩，專營鹿兒島和牛的「和你牛牛」便是其中之一。

和你牛牛在 2020 年中開業，在這之前，創辦人陳靄澄 Pinky 原本從事保險業，而且成績不俗。

「做保險很多時都會設定不同的目標，而在從事保險的 7、8 年間，我大部份的目標，例如追求某些獎項都達到了，保險雖然時間彈性自由，可是我的夢想一直都是希望自己能創業，創造更多可能性。」

從保險轉型網上凍肉

Pinky 於是放慢腳步，重新思考自己的發展方向。她想起曾經有前輩指點，做人應該目光放遠一點，不妨有點「大想頭」，而剛巧這時重遇一位做凍肉生意的朋友，據他介紹，凍肉生意在香港大有作為，而網上購物更是前景明朗，於是 Pinky 便開始嘗試入手，在 Facebook 開設「和你牛牛」網店，經營和牛宅配服務的生意。

在籌備階段 Pinky 十分認真的四出格價，比較不同的網店和各大超市的價格，以便掌握行情。

在試營一個月後，網店生意頗為理想，於是她便毅然辭去保險的工作，將手上的保單交給同樣從事保險的姐姐處理，自己專心創業。

和你牛牛主打日本鹿兒島和牛，其入口即溶的口感深受客人歡迎。除和牛外亦有其他肉類，如 A5 肉眼、西冷、牛舌及西班牙黑毛豬梅肉等，還有海膽等來自日本的刺身，以及時令大閘蟹等。

和你牛牛開業之時正值疫情高峰期，市民都不願意外出用膳，這便造就了宅配凍肉的生意，在最高峰時平均一天做數十張訂單。

雖說受惠於社交距離措施，但坊間的凍肉店和網店已成行成市，和你牛牛在一片紅海中，怎樣能脫穎而出？

買凍肉送燒肉爐

無論是和牛還是海鮮，「新鮮」是食材的靈魂。Pinky 表示，供應和牛食材的工場是她的相熟朋友，不但品質有一定保證，而且可以每天都有新鮮貨源空運到港，每一份送到客人手上的牛肉都是新鮮保證。

除鮮肉外，和你牛牛亦有部份真空包裝的肉食，但最長也只會儲存一星期便宅配給客人。

符合了「新鮮」這基本要求，和你牛牛還有價廉物美的優勢。由於店舖以網店形式經營，所以可以節省大量租金。此外，公司由入貨、包裝、送貨到宣傳，全都是Pinky 一手包辦，亦可省下人工開支。在這兩大優勢配合下，和你牛牛便能夠將產品售價降低，利用薄利多銷的政策來吸引顧客。

價格偏低固然吸引，但和你牛牛的最大賣點，是買肉送爐，顧客只需消費滿一定價錢，即可免費獲贈日式經典壽喜燒鍋一個。

「這個爐對客人來說是個很吸引的賣點。很多客人家裡已有火鍋的爐具，但日式燒肉爐則比較少，有些客人甚至因為沒有用具而索性選擇不吃。我推出這個套餐，將爐具連食物直接送到客人手上，為他們解決問題，是我們其中一個優勢。」

親切關顧食客口味

宣傳推廣方面，Pinky 的主要宣傳渠道是 Facebook 廣告，以及邀請 KOL 朋友試食後在自己的專頁分享。而 Pinky 自己也會花盡心思，因應聖誕節、情人節等不同日子推出應節套餐。

Pinky 另外還有一招絕招，就是用心與客人溝通。「我會花很多時間和心機與客人溝通。跟坊間很多死板的一問一答不同，每位客人我都會人性化的回應。」

例如不少客人在落單前都查詢有什麼推介，Pinky 會因應他們的人數和口味，度身訂造的為他們介紹不同食物。她也會不時與客人分享一些享用美食的心得：「例如

我會教他們先吃和牛，之後再吃豚肉，這樣豚肉可沾上牛肉滲透出來的油香，這是最好吃的食法。」

待客人享用過後，Pinky 還會詢問他們對各種食物的意見，以及有什麼需要改善之處，盡力做好售後服務。

正因為價廉物美，再加上貼心的售後服務，顧客的回頭率高達七至八成，而且不少更會推介給身邊的其他朋友。

而 Pinky 也會經常將客人對食物的讚賞和對自己的鼓勵，在 Facebook 上與大眾分享。

「你有沒有用心，人與人溝通是感受得到的，所以只要用心去做就可以了。」

成功竅門：

‧一條龍服務 免卻顧客麻煩

和你牛牛推出的買食材送壽喜燒鍋增值服務，重點不在於優惠，而是從客戶的角度出發，解決他們缺乏爐具的煩惱，這自然能增加顧客光顧的誘因。

‧用心與客溝通

Pinky 在創業之前曾從事保險業達 8 年，訓練出以客為先的思維以及用心溝通的態度，她將這份專業套用到和你牛牛的生意上，無論售前或售後服務的花盡心思地與客人溝通，成功留住顧客的心，造出高達八成的回頭率。

by

perfume

香港文化之醉

香港雖然是國際大都會，又有美食天堂、購物天堂的美譽，但要找一樣真正能代表這城市的事物，卻是寥寥可數；要數一支屬於香港的烈酒，更是絕無僅有。直至氈酒「白蘭樹下」的出現，香港終於誕生了一支能體現這裡獨特的文化、名副其實屬於我們的烈酒。

「白蘭樹下」的構思孕育於偏郊一間青磚屋內，這裡是丹丘蒸留所創辦人——著名調酒師張寅傑 Kit 與張穎雋 Joseph 這兩師徒跟朋友品酒談歡的小天地。在無數個酒酣耳熱的晚上，Kit 每每許下豪言，要創造出一瓶能傳揚香港獨特、充滿活力而漂亮城市精神的烈酒，呈現香港文化裡既複雜而和諧的美好。

將多年夢想實現，體現了海明威的明言：「酒後豪言，醒後必踐。如此一來，你才不會胡言亂語。」

香港回憶的味道

「白蘭樹下」是新式風格的 new wave gin，酒味透著淡淡白蘭花的清香。氈酒在香港不算熱門之算，為什麼要選擇氈酒？Kit 解釋，正因為它冷門才值得做：「如果人人都做，做來還有什麼意思？」

不過在研發初期，他們也曾考慮過不同酒類，例如威士忌、清酒、啤酒等。「首先我們需要一種已存在的酒類，再加入創新、獨特的元素，這方面氈酒是一個很好的媒界。」

選定了基酒，便需為它注入獨特的基因。除了杜松子、芫茜籽、甘草等 8 種經典的氈酒材料外，「白蘭樹下」最終選用了白蘭花這充滿香港回憶的味道，以及當歸、陳皮、香片和檀香等 5 種香港獨有材料，讓人細呷一口，彷彿穿越色彩繽紛的香港街頭。

「白蘭樹下」乃係在香港研發的「土產」，一開始時 Kit 和 Joseph 曾嘗試過許多不同材料，如雞蛋花、桂花、洋紫荊等，最後認為白蘭花不但香氣最配合，而且也最能代表香港：「你未必說得出它的名字，但一定認得它的香氣，腦裡立即出現街邊婆婆賣花的畫面。」

為求真正呈現屬於香港的風土及香氣，Kit 與 Joseph 花上超過一年時間，與本地農夫及供應商緊密聯繫，學習不同草本植物的特質與個性，最終成功在複雜的風味之中，達至終極和諧與平衡感。

以荷蘭為蒸餾基地

為保存香港味道，白蘭花、陳皮等 5 種香港材料均是向本地老字號採購，而部份生產過程亦於本地完成，例如全支酒的靈魂—白蘭花便是在香港萃取精油後再寄到荷蘭蒸餾。

選擇荷蘭為蒸餾基地，是因為當地乃氈酒的發源地，無論人才、技術或專業，都屬世界第一。

雖然發源地在多方面均勝人一籌，但所涉及的運費、時間及其他成本始終較高，另外還須面對氈酒「祖宗」的挑戰。

「要說服荷蘭酒廠接受我們的氈酒並非易事。當初他們試了一口，當頭第一句便說『這是花味水，不是氈酒』。」結果他們與團隊費盡心力，在傳統與新口味間取得平衡，同時亦諮詢了不少調酒師的意見，才成就出這備受認同的產品。

　　除了酒本身的味道，外觀也是產品的一部份，所以「白蘭樹下」的團隊不惜工本，樽身選用著名的法國玻璃品牌，樽蓋則是全球首屈一指的葡萄牙木塞廠的出品。

　　研製成功只是第一步，Kit 和 Joseph 之後還需要將產品推出市場，讓全世界都認識、接受這首支屬於香港的氈酒。

　　Kit 認為，最有效的宣傳方法是「講故事」。「我們要向人解釋，為什麼用這種花、這個樽、這個標籤......我們每一樣材料背後都有原因，只要一一訴說出來，就描繪出這產品立體的獨特性。」

教育大眾品嚐氈酒

　　最初聽 Kit 說故事的對象，是香港大大小小的酒吧。他們在推出產品初期，逐間逐間的酒吧去扣門，介紹「白蘭樹下」的特點，分享怎樣用來調製不同的雞尾酒等。Kit 本人擁有 20 多年的調酒經驗，深明怎樣才能令每支酒在酒吧中突圍而出，這讓他向調酒師介紹「白蘭樹下」時也能事半功倍。

　　故事的聽眾除了專業人士，還有普羅大眾。「消費者教育也是銷售渠道的重要一環。我們經常舉辦品酒活動和工作坊，向顧客講解氈酒的歷史、背景和文化，以及最

重要的，怎樣去品嚐一杯氈酒。我始終認為，你了解這種酒後，喝下去會別有滋味。」

除了「白蘭樹下」，丹丘蒸餾所亦有推出另一力作——「淡墨」無糖咖啡甜酒。據 Kit 介紹，「淡墨」剛入口有來自咖啡豆的花香和果味，緊接的是來自「白蘭樹下」基底的白蘭花和印度檀香的香氣。最後，以悠長的濃郁的烘焙朱古力和咖啡餘韻作結。

Kit 表示，現時會專注於推廣旗下兩款產品，希望能讓全世界都知道，有一種屬於香港人的酒，不論去到全球任何一個角落的酒吧，都能在酒櫃上找到這兩支香港酒的踪影。

成功竅門：

· 以獨有產品開創藍海

「白蘭樹下」不但是全港獨有，甚至可能是全球唯一一支加入白蘭花、陳皮、當歸等港式風味的氈酒，而這獨創的產品已獲得氈酒原產地——荷蘭專家的肯定，證明已有一定市場。

· 以故事帶出產品獨有風格

酒再香醇也需要有效的宣傳策略配合才能成功推出市場，Kit 深明此理，利用「白蘭樹下」獨有的故事，為產品塑造一個立體的形象，加深消費者的印象。

A.I. 種菜救未來

新冠疫情不但對人類構成健康威脅，亦為地球村的村民響起糧食的警號：一旦封關，並無糧食生產的地方便會面臨缺糧之虞。再加上極端天氣等問題日趨嚴重，糧食問題似已逼在眉睫。全球的科學家正在埋首研究可持續的解決方案，而原來在香港，亦有科技公司加入這行列，研究改良種菜的方法。究竟在香港這彈丸之地，有什麼方法可以利用科技應對糧食危機？

綠芝園 Farm66 種菜的地方，並不是在大西北的農地，而是香港科學園轄下一個佔地二萬多呎的工廠內。在這工廠單位內，長年亮著不同顏色的燈光，裡面放了一排排的櫃，上面放滿十層不同的植物，

底下則放著魚缸。說這裡是農場，但這裡明明是不見天日的工廠；要說這是實驗室，那些魚和菜又有點格格不入。

綠芝園創辦人兼行政總裁譚嗣籇 Gordon 形容，這裡是「美味數據化植物工廠」。更弔詭的是，他們種菜但不賣菜，菜是他們的「客戶」。他們賣的是解決方案，為未來提供一個自給自足的可行方法。

光譜輔助種植

「綠芝園是應用工業 4.0，將生產量化、機械化、電腦化、數據化，再配合 AI，從而令生產力大大提升。」

種菜有必要那麼複雜嗎？不是只要有水有光便行嗎？ Gordon 解釋，一般光管的光原來無法種植，而普通水喉水也沒有營養，種出來的菜只會瘦巴巴。

「當初試驗階段時，我們種出來的菜葉又長又瘦又黃，像八爪魚一樣，原來是因為光源不夠『靚』。」

於是 Gordon 和和拍檔夥伴林志揚 (Billy Lam) 及研究團隊便著手研究光源。機緣巧合下，他發現放在神枱上的富貴竹長得較高，而窗邊的則葉比較大，於是便開始研究光線顏色對植物生長的影響，最後成功研發出專利的光譜種植技術，針對不同植物使用不同的光譜輔助種植。

除光譜技術，綠芝園亦採用多項先進技術進行精準種植，如生物科技及人工智能

數據分析、全自動化種植生產系統、大數據管理系統及智能傳感器技術等，成功改善了植物的味道、營養密度、色澤及保質期。

綠芝園種植的蔬果種類繁多，除一般蔬菜、香草外，亦有跟大學合作研究種植中藥。而憑藉光譜技術，他們能夠控制植物的高矮肥瘦和葉的大小，早前更成功種出比人臉還要大的羅勒葉。

「這並不是基因改造，而是利用不同的光源來控制植物的形狀。」Gordon 強調。

除了破紀錄的羅勒，綠芝園也培植出可以生食的馬齒莧和魚腥草。至於控制蕃茄種出較細小的葉，以及菜葉大又莖身短的蔬菜，對他們而言已是小菜一碟。

魚菜共生生態循環

種菜之餘，綠芝園亦引入魚菜共生生態循環技術，將魚的排泄物變成菜的天然肥料，而菜又能淨化水源供給魚，從而形成循環生態系統。

「魚菜共生這構思主要是不想用化肥，後來想起我爺爺常說，以前的菜有菜味，細想原因，發現以前的農田旁邊都是魚塘，用魚塘的水給菜田灌溉。我們於是用這傳統智慧融入我們的設計，發展出魚菜共生技術。」

綠芝園雖然種菜養魚，但他們事實上是一間科技公司，主要業務並非賣菜，而是為不同的企業、機構等提供解決方案，研究在不同地方種植。細至屋內的一面牆，大至國家機構，也是他們的服務對象。例如近期他們便為一間航空公司安排利用貨櫃種菜，供應給飛機餐。

受疫情封關的影響，全球多個國家都一度出現部份糧食不足。有見及此，很多地方都紛紛著手研究可持續的自給自足方法。綠芝園的室內種植方案，正正是這關鍵的鎖匙，因此，馬爾代夫、馬來西亞、新加坡、杜拜及瑞士等國家的政府機構，均邀請綠芝園設計方案，令他們的業務遍布全球。最近他們更建立了一個太空種植倉，實行研究在太空種植。

另外，受氣候暖化等影響，日本芥辣在當地的產量於過去 15 年大跌六成，未來甚至有絕跡之憂。Farm66 近期受和歌山市一個財團的委託，訂製十個總值逾千萬港元的貨櫃，以光譜技術種植日本芥辣，希望可挽救這國寶免於絕種。

Farm66 亦積極參與政府的「一帶一路」及「粵港澳大灣區」的建設發展計劃，亦籌備在橫琴設立室內農業科技種植中心。

九死一生有危有機

近年興起可持續發展，很多城市人都喜歡務農耕田，而以此為職業的也並非新鮮事。但為什麼 Gordon 不選擇回歸自然，卻偏偏要躲在工廠種菜養魚？

Gordon 早年在美國修讀建築，回港後希望做點特別的事情，不想只做金融地產，認為人生不該只有賺錢這回事。經過沉澱後，他報讀了大學的可持續城市發展學碩士課程，其中的一份功課，終改變了 Gordon 的一生。

「當時有一份研究題目是活化工廈，我那時候可能因為諗書壓力太大而得了濕疹，對化肥、農藥等化學品敏感，一食便會全身紅腫，所以需要格外注意飲食，於是便研究在工廈種植有機、健康的蔬菜，促成了工廈種菜的誕生。」

畢業後 Gordon 跟朋友合資百多萬元，在觀塘一個二千多呎的舊工廈單位開始研究，當時為了集資，Gordon 甚至不惜將物業加按來套現。公司在 2013 年成立，一年後已成功研發出光譜技術並取得專利，本是大展拳腳的時候，卻收到政府的一份「大禮」。

2015 年政府大談要支持發展創科，而綠芝園這科技公司收到的，卻是地政總署的通知，指他們於工廈發展農業乃違反土地用途，勒令在一個月之內將單位還原。

「那時真的很灰，但我必須 stay positive。一方面著同事繼續完成手頭上的項目，另一方面則四出張羅，尋求解決辦法。」

他先後徵求律師的法律意見，又向立法會議員和不同政府部門扣門。最

終幸得時任食物及衛生局局長高永文出手相助，由他向地政總署提出暫緩，封舖一事才漸露曙光。

雖有局長出手，但所謂暫緩其實亦只是「緩刑」，隨時仍有可能要關門大吉。礙於這不穩定因素，所有原本對綠芝園垂青的投資者紛紛打退堂鼓，令原訂的擴展計劃也

需擱置。幸好當時他們已打響名堂，有一班粉絲支持，不時做團購買他們的產品，亦有餐廳和大型超市向他們直接取貨，這樣才能渡過難關。

輾轉之間，事件擾攘了整整三年。直至 2017 年，綠芝園終於由「室內種植 / 養植場」這身份更改為「非污染工業用途」，成功進駐科技園轄下工廠。他們亦積極參加不同的比賽，贏得阿里巴巴創業者基金，並吸引到其他天使投資者注資，終於可以大展拳腳，發展到今天的規模。

Farm66 在發展之餘亦不忘公益，最近他們便與其他機構合辦一個 5G 水耕中藥培植計劃，協助深化學校的 STEAM 教育。

成功竅門：

· 保持樂觀 積極面對

綠芝園在正當要成長之際卻傳來噩耗，面臨關門大吉之虞。在所有同事都心如死灰的時候，創辦人 Gordon 並無怨天尤人，反而能做到挺身而出，鼓勵大家保持樂觀，並且積極尋求解決方法。

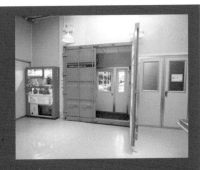

· 開拓市場

雖然綠芝園的主要業務是提供解決方案，但在創業初期和艱難時期，Gordon 亦靈活變通，在年宵攤位賣菜及舉辦團購，一方面可增加收入，同時亦可建立品牌形象和市場上的曝光率。

建築本為人

香港多年來一直商業掛帥，即使是建築項目也以利益為先，小型的建築師樓是否還有生存空間？假如是一間仍有抱負、有夢想的建築師樓，還有沒有辦法在這狹窄的空間內實踐理念？

LOT Architects 易建築師事務所的創辦人 Nikki Ho 何勵琪，從小便喜歡設計，大學於是順理成章的選修建築學與藝術。她笑言讀書時期很教人振奮，因為所有同學都很有抱負，立志要為世人建設一個更好的社區，從此一直相信透過不同的建築及空間設計，傳遞想法和展現文化，成為社會和大眾之間的橋樑。LOT 代表 language of thoughts，設計是一種語言，能夠說故事。

Nikki 的這團火，在畢業多年後的今日仍燒得正旺。她在畢業後曾於不同的建築師樓、設計公司工作，多年來不斷累積經驗，琢磨理念，讓她決心自立門戶，挑戰自己的能力。Nikki 相信，建築不單是形態和空間的表達，更是空間與人的微妙關係，除了每天置身其中的用家，更與生活在周邊的人們息息相關。

連結空間與人生

Nikki 與她的設計團隊致力將每個建築、設計項目融入社區和文化，並與用家的生活結合，以達致「建築本為人」的設計理念。她認為無論是住宅、商業或是社區類型的項目都可以體現與人的連結。做出令人感動的設計。

「以往打工時參與的都是很大型的商業或建築項目，面對的都是發展商，難有機會與最終用家接觸，感覺上與人很遙遠，始終未能一展抱負。」

　　為了成立公司實現理想，Nikki 在打工時便拼命擴大工作圈子，不論是畫圖還是設計工作，全都來者不拒。到後期還開了一間無限公司接工作。直至 2015 年正式開設自己的建築師樓 LOT Architects，公司還未開張已有數個項目在等著開工。

　　建立客戶基礎固然重要，但對一間新公司來說，節流也不容忽視。Nikki 在這方面可謂發揮到極致：「我開業的成本是兩萬大元。在中環租了一張枱，3,500 元，再買了一部電腦、一本簿、一支筆，這樣便開工大吉。」

　　Nikki 是建築專業人士，但經營生意則非她所長，所以在開業初期，她不但要兼顧工作，還要由零開始的學習營商之道，每晚也得工作至凌晨。

　　工時長的另一原因，是她承接項目的準則是不計成本，只要一個項目讓他們有發揮創意的空間，他們便不惜時間金錢，誓要做出完美的成果。

讓空間訴說故事

　　剛起步時由於知名度不高，所以 LOT Architects 的工作以小型項目為主，例如村屋或新界發展，以及一些室內設計項目。Nikki 指，他們並不會局限於某一範疇，無論是商業、住宅還是餐廳、圖書館，他們都無任歡迎，她覺得不同範疇的項目能互相影響，將經驗放進不同的項目內。

Nikki 其中一個印象最深刻的項目，是屯門一間餐廳連住宅的村屋。

村屋的業主是一位從英國回流的大廚，由於他喜歡下廚，更熱愛紅酒，因此 Nikki 為他和家人建構了一所地下經營餐廳，樓上兩層則是住宅「前舖後居」的空間。

Nikki 對這項目情有獨鍾，是因為它能發揮公共空間的功能，實踐她對建築的理念。

「以前新界村屋與屋之間自然地間劃出小巷與大街，讓村民聚腳與交流，卻造就出鄰里間的情誼深厚。政府在 1972 年實施村屋條例，限制所有村屋的規格，導致全部都一式一樣。接到這個項目後，因為知道業主是個很開放的人，村屋又位於村口，於是便嘗試將重新定義村屋的可能性，打破固有形象，將以前的鄰里關係在這裡重現。

Nikki 的理念中，真正能融入生活的建築，必須能照顧在當中生活的人的感受，從而連繫社會和大眾。易建築團隊一直堅守「建築本為人」的設計理念，於設計過程中，每一個細節均以人的感受為本，包括形態、用色、物料、燈光和環境佈局，也會注入社會、文化和生活的元素，旨在讓每個身處當中的人也能融入其中，引發更多聯想和共鳴。

20210316_家居‧築則_西營盤舊回憶

　　每人都擁有不同的人生，建築亦然—Nikki 相信，每一個建築空間也代表了不同的故事；它可以標誌着一家人的溫馨回憶、一個品牌創業的奮鬥史，又或是一群追夢的人的難忘故事。為了實踐理念，LOT Architects 銳意承接不同性質的項目，尤其是公共建築的設計。LOT Architects 團隊樂於與客戶一起發掘每一個設計項目背後的故事，並在設計過程中融入有代表性或紀念價值的建築元素，彷彿在讓每一個空間訴說自己的故事。

━━━━━┼━━━━ 用作品說話 ━━━━┼━━━━━

　　公司成立初期，並未受大型發展商的青睞，只能先從小型項目著手。經過數年努力後，漸漸累積到一些口碑和生意網絡，現時已有機會與其他行家或則樓合作，承接發展商的大型項目。

　　Nikki 初期相信「用作品說話」，並未花太多時間作宣傳推廣。直到近年他們才一改作風，經常參加本地及國際比賽作宣傳渠道。憑藉出類拔萃的設計實力，LOT Architects 至今已奪得數十個國際設計獎項，更於 2016 及 2020 年兩度參與威尼斯國際建築雙年展。

奪得獎項除有助提升品牌的知名度，亦能大大提高團隊的信心和滿足感，畢竟是對自己品牌的一個認同。

「其實香港的建築師和設計師的能力已達到國際水平。香港的業界應該多參加國際比賽，讓世界認識我們香港的能力。」

除希望業界能走出香港，Nikki 也希望自己公司能多承接慈善或非政府機構項目，回饋社會。並勇於在平凡的項目中尋找突破，為業界帶來更多創新的設計和靈感，營造一個充滿創意的社會氛圍，亦為城市中每一個大小角落激發創意，帶來更多趣味和思考空間。

成功竅門：

‧毋忘初心

不少人在創業初期都有一團火，但有多少人是三分鐘熱度，多少人能夠多年來也不忘初心？Nikki 在讀書時期已對建築業有一份抱負，難得的是由畢業到工作再到創業多年，她仍能一直堅持這份信念，成為推動公司發展的原動力。

Chapter 5

「我深信，成功與不成功的
企業家之所以不同，
有半數原因在於
能否堅持下去。」

"I'm convinced about half of
what separates the successful entrepreneurs
from the non successful ones
is pure perseverance."
by Steve Jobs 喬布斯（Apple 創辦人）

環保最前線

由塑膠污染、能源短缺到全球暖化，地球的生態危機已近乎病入膏肓的地步。我們身為小市民，很多時即使有心為環保出一分力，但也力有不逮。傳媒人鄧展鴻 Jeff 與前新聞主播女朋友金盈，卻以行動告訴我們，只要有熱誠，不但可以走到最前線保護環境，而且更可將之變成一門生意，賺錢之餘更將環保訊息宣揚出去。

Jeff 的環保生意是從我們的日常生活著手，以自設品牌 ODEA! 出售可持續物料製成的產品。

品牌自 2021 年底成立，首件登場的產品是一件純白色 T 裇，這 T 裇無論外觀或質感，均與一般的棉質 T 裇無異，但原來織成這件衣服的紗線，前身竟然是一般飲品的塑膠樽。

這種環保紗線的原材料是回收聚酯，乃將聚對苯二甲酸乙二醇酯 (PET) 膠樽，亦即市面上一般的飲品膠樽回收後，經壓碎、熔化再造成新的聚酯纖維，是近年熱門的新興環保材料。

塑膠樽變白 T 袖

回收聚酯紗線是公司從美國引入，它不但出乎意料地輕巧，而且透氣度高，更吸濕快乾。ODEA! 以純白色 T 袖作為頭炮，Jeff 表示這是因為白色 T 袖容易配搭，可以說是衣櫃必備，所以先從純白 Tee 入手。

T 袖初期定價每件約 300 元，Jeff 解釋，定價較高主要是因為原材料成本價值不菲。而這件 Tee 袖雖然看似平平無奇，但他們在設計上曾參考市場上過千元一件的高檔產品，例如怎樣車線，怎樣確保衣領不易走樣等，讓消費者除了買環保概念之餘，亦買到一件 CP 值高的心頭好。

除了 T 袖，ODEA! 的另一主打產品是同樣走簡約風格的背囊。與 T 袖一樣，這款多用途背囊亦是 100% 以回收聚酯造成，一個背囊大約用上 15 至 16 個膠樽。背囊防水耐用，而且設計簡約及多用途，不論是上班還是郊遊遠足皆配襯得宜，是不少專業運動員、藝術家及網紅的首選背囊。

「我們出售的都是日常生活的產品，目標是消費者不再購買非環保物料造成的產品，而且毋須改變原有的生活習慣，便能夠達致環保。」

現時 ODEA! 的產品主要於網店出售，而過去他們亦曾在中環街市、東薈城、The Forest 及美麗華商場等不同地點，以快閃店的形式作銷售點。2022 年疫情反彈，零售業負增長，Jeff 和團隊仍然繼續堅持理念，更被邀請到崇光感謝祭及寶馬在香港首個電動車陳列室作夏日快閃銷售，成績也相當不俗。

與全球環保人才聯盟

2023 年是 ODEA! 準備大展拳腳的一年，同時被邀請加入中華總商會 (CGCC) 及美國商會 (AmCham) 拓展海外市場，有幸成為美國商會的 ESG 委員會委員。此外，ODEA! 還獲得著名創科媒體 Jumpstart Media 邀請到五月在澳門舉辦的第三屆 Beyond 國際科技創新博覽會，成為可持續發展參展商。

有兩大商會的鼎力支持，ODEA! 亦趁機調整營運策略，專注於不同企業客戶提供環保制服、辦公室用品及其他 ESG 服務等等。現時跟 ODEA! 合作的企業包括金融機構、科技公司、酒店以及健身室等等。

Jeff 本身一直都是環保的中堅份子。他解釋，由於自幼於澳洲長大，因此對環保的意識較強：「澳洲有較完善的回收制度，自少便習慣星期二要回收膠樽、星期三回收紙皮……久而久之便養成了較高的環保意識。」同時，身為高智商組織門薩 (MENSA) 會員，Jeff 希望集結不同行業的高智商人才，一起參與解決全球暖化的難題，增進人類福祉。

原本從事新聞界的 Jeff，是前無綫電視明珠台首席新聞編輯兼主播。至近年全球暖化問題日趨嚴重，Jeff 認為不可再坐以待斃，於是決定在 2021 年底成立 ODEA!，銳意針對「全球塑膠危機」和「快速時尚污染」這兩項較嚴重的環境問題。

現時全球平均每秒賣出 18,000 個膠樽，單是 2021 年，全球生產的膠樽便超過 3,860 億個，如果全部升級再造為紗線的話，可以給全球 79 億人每人做 6 件 T 裇。但現實是，有九成的膠樽最終會被棄置到海洋或堆填區。

製衣業是全球第二大的污染產業，製衣過程需耗用大量珍貴的天然資源，而全球 10% 的碳排放、20% 的廢水及 10% 的微塑膠，均是來自製衣業。據統計，現時全球每年共生產 1,000 億件衣物，但同時每年有 9,200 噸衣服被棄置到堆填區。假如情況沒有改善的話，至 2030 年，預計快速時尚廢物會達到每年 1.34 億噸。

以戰養戰堅持環保

Jeff 希望透過公司售賣的產品，可喚起消費者對環保的意識。「很多人一聽到『環保』兩個字便以為很貴或者很麻煩，所以我們希望做些『貼地』的產品出來，讓他們看到平常一件衣服、一支牙刷也可以環保，希望鼓勵大家努力去減少碳排放，為環境出一分力。」

公司在成立初期的成本主要用於入貨，資金來源全靠以前工作的積蓄以及投資利潤所得，再加上另外發展的通訊業務，替商業機構及非牟利組織提供翻譯及

撰稿等服務賺取收入，再投放到環保業務。

　　Jeff 坦言，假使他全職投入通訊業務，收入原可相當不俗，但他對這方面的工作欠缺熱誠，讓他念茲在茲的始終是環保業務，傳訊工作只是為環保業務提供資金的「水喉」。

　　傳媒工作不但為 Jeff 帶來了創業資金，十多年的經驗也讓他建立了龐大的人脈網絡，以及有機會磨鍊與人溝通的技巧：「起碼不會再『怕醜』，與人溝通較得心應手。現在有需要別人幫忙時，至少也懂得開口。」

　　除了環保之外，ODEA! 亦十分關注其他社會議題，包括性別平等。他們的理念是性別平等與環保是一而二、二而一的議題，由於性別不平等，以致男與女應對氣溫變化等環境問題時亦各有不同。若未能達致性別平等，則無法實現一個可持續的未來。

　　ODEA! 的理想十分遠大，目標是建立一個國際級的環保時尚生活品牌，希望透過他們的產品鼓勵大家在毋須改變生活模式的情況下達致環保，終有一日能夠讓地球的生態危機解除。

成功竅門：

‧結合環保意識開創商機

現今環保意識抬頭，消費者都不介意付出多一點而嘗試新的綠色產品。ODEA! 的環保產品成功在於，消費者毋須對原有的生活習慣作出太大改變，這正好捕捉到一般人既要環保又嫌麻煩的心理，成功開創新的商機。

逆市物流奇葩

網上購物近年大行其道，尤其經歷過疫情的洗禮，香港人在這足不出戶的三年，網購已成為生活習慣。而隨著網購的發展，諸如物流業等周邊產業也水漲船高，成為疫情下逆市蓬勃發展的少數行業之一。其中一家前景亮麗的物流公司，是近年經常在不同平台出現的 Buyandship 國際網購轉運。

Buyandship 於 2014 年成立，主要業務是作為跨境電商與消費者之間的中間人，將消費者經網上購得的「戰利品」轉運送到他們手上。

與一般物流公司不同，除了單純的提供貨運外，Buyandship 亦會在網站上推出「水貨攻略」，每個月上載數千篇關於購物的資訊，哪種產品最流行、在哪個網店買會有最多優惠，會員都可一目了然。

簡化業內收費模式

「我們有過百萬會員，足以利用大數據分析什麼貨品最多人買，以及近期的潮流趨勢等，例如韓國 Weverse 網站是韓星週邊產品的集中地，這些資訊對會員而言是有用的增值服務，方便他們購物。會員增加購物，我們賺取的運費自然水漲船高。」Buyandship 創辦人李兆倫 Sheldon 解釋。

作為轉運公司，Buyandship 的收入來源主要是運費。坊間的物流公司收費相當複雜，除計算重量外，亦會因應貨物的體積而收費，令很多消費者摸不著頭腦。Visa 曾有報告指出，多達五成的消費者曾嘗試在外國網站購物但卻以失敗告終，當中四成原因是物流問題，例如收費過於複雜讓消費者卻步。

正因為此，Buyandship決定將收費簡化，只看重量而不計體積，而且收費便宜，從外國寄回香港每公斤只需 22 港元，這價錢可能連本地境內速遞也做不到。

Sheldon 解釋，由於他爸爸亦是經營物流公司，所以他在行內有一定網絡，再加上 Buyandship 客戶群龐大，讓他們有叫價能力將運輸成本降低，從而將這優勢惠及客戶。

除物流外，消費者對網購的另一顧慮是退貨和保險的問題。消費者在網上買到尺寸不合身的衣物或貨品有

缺憾，很多時都只會自嘆倒霉，因為想要退貨的話需要自付額外運費，成本往往比貨品本身的價值更高。

另外，大部份消費者都不敢網購太昂貴的物品，因為萬一中途遺失，物流公司可能只會賠償一千幾百，根本無補於事。

這兩個市場痛點，對 Sheldon 而言正是商機所在。Buyandship 數年前與一間本地保險公司合作，消費者只要付出 3% 的費用購買保險，萬一貨物遺失，最高賠償額可達到 40 萬港元，另外退貨及重新發貨的運費亦由公司負責。

命中兩大痛點

「我們的策略是沿著整個流程，了解客戶擔心和關注的地方，從而把它變成新的商機。」

除幫助消費者解決問題，Buyandship 亦從合作夥伴的角度出發，協助香港的電商衝出亞洲市場，達致互惠互利。Buyandship 經常在市場上物色優質的電商，然後與對方洽商向 Buyandship 的會員給予一定的折扣，而 Buyandship 亦會向會員推介該電商的產品。

「對電商來說，我們有過百萬會員，可以幫他們提升生意額。至於會員則可以接觸新的貨源，同時享有折扣優惠。我們亦可賺取佣金及運費，達致三贏的局面。」

但既然 Buyandship 本身擁有逾百萬會員，何不自行經營電商，而要讓肥水流向別人田？

Sheldon 直言，他們並無考慮自己開設網店，因為電商是他們的客戶，不希望與客戶構成衝突。「我們邀請電商合作時，要讓他們知道，我們是合作夥伴，而不是競爭對手。」

Buyandship 現時的合作電商已遍及英、美、日、韓、台等 12 個國家及地區，並在美國和日本等地設有 11 個自營及專用倉庫，規模十分龐大。但原來在 2014 年成立時，公司只是在 Sheldon 爸爸的公司內借用一間房來營運，連 Sheldon 在內公司只有三個職員，初始成本只是 20 萬港元，主要用於薪金及宣傳推廣。

「我們一開始只是小試牛刀，用最小的成本做最多的事。雖然我們有自己的理念，但我們認為可行，不代表市場接受。所以一開始我們只是測試市場反應，由市場決定我們未來的方向。」

————┼————師承父親生意理念————┼————

Sheldon 對經營生意甚有心得，原來很多都是得自爸爸真傳。李爸爸給 Sheldon 上的第一課，是與合夥人的持股比例切記不可 50:50：「一定要有一個人佔大份，可以作最後決定，否則很多事到最後只會打死結。」

而即使與拍檔是好朋友，在合夥前也必須白紙黑字的訂明所有合作條款：「不可以單憑信任，一定要制訂一個架構、一個系統去管理我們之間的關係。」

至於員工方面，Sheldon 認為必須讓他們清楚自己的責任，並且釐定一套可以計量的準則去衡量他們的表現：「If you cannot measure it, you cannot manage it. 像跑步，你不計時的話，永遠也不知道自己有多快，這便永遠不會有進步。」

Sheldon 強調，這不是要挑戰員工，而是讓他們清晰了解自己的表現，再反思過去進步或退步的原因，從而啟發他們進步。員工需要了解自己的責任，身為僱主的對員工也有一份責任。

「我最欣賞爸爸的地方，是他教我做生意不只是為賺錢，要有一份覺悟，有多少責任負在你膊頭上。」

Sheldon 的父親認為，你公司有 300 個同事，代表著你正在養活 300 個家庭，所以做每一個決定都必須三思，萬一做錯決定，會影響很多人的生計。而這一份責任，也是 Sheldon 努力的推動力。「如果我只顧賺錢，錢賺夠了我便會放鬆。但當我將員工和他們家人的生活也放在膊頭上，我做會一件事也會更有衝勁，即使遇到難題、有多大壓力也會堅持下去。」

成功竅門：

·為會員增值
Buyandship 雖有先天的優勢可提供具競爭力的價格，但他們並無單靠價錢取勝，而是不斷審視市場趨勢以了解客戶需要，提供水貨攻略和購物保險等各種增值服務，從而擴大市場佔有率。

·市場主導
Sheldon 在開業初期並沒有一般年輕人的衝動，反而審慎地小試牛刀，先測試市場反應再決定發展方向，這樣一來可以減少損失，而順應市場的接受程度來發展，自然可提高成功的機會。

從藝人變身美容老闆

經歷了三年疫情，有生意人蟄伏潛藏，伺機而動；亦有人長痛不如短痛，索性結業了事。但當中仍有少數的大膽出擊，本著「心動不如行動」的宗旨，果敢地在疫情最高峰的時候創業。

其中一位勇者，是藝人莊韻澄 Xenia。在疫情爆發前，Xenia 本來「周身刀」，在大小銀幕甚至網上平台也經常見她的踪影。但一個疫情卻令她的演藝事業接近

「清零」，只能望天打卦。不過生性樂觀的她並沒有就範，毅然與拍檔合資成立七玥能量美容中心。

位於尖沙咀的七玥能量美容中心，主打日本直送北投石岩盤浴。北投石蘊含三大能量元素，透過溫熱方式將天然能量送達全身，啟動全身循環大量排汗，由內而外完美的調理，使用 40 分鐘等於慢跑 30 公里。

樂觀思維迎戰疫情

雖然七玥開業才一年多，但原來開設美容院這想法，在 Xenia 腦內盤算已久。Xenia 多年來一直有光顧美容院，所以很早已想，何不自己開一間美容院，既可美容又可賺錢？

但 Xenia 身為藝人，工作經常日夜顛倒，若要獨力做生意難免分身不暇，所以一直未能成事。直到遇上現在的合作夥伴，兩人可謂一拍即合，無視疫情威脅便果斷地在 2022 年 1 月開業。

當時正值第五波疫情爆發，各行各業近乎癱瘓，美容院亦受到牽連，需要停業達三個月之久。一開業便停業，怎麼看也是壞消息吧？但 Xenia 的反應竟然是「這樣更好！」

Xenia 認為，在成本方面，在疫情高峰期租金可以有較大的議價空間，而其他開支也較平時為低，可直接節省不少成本。

另外，Xenia 利用這三個月的停業時間培訓員工，同時發揮 KOL 本色以網上直播賣產品和宣傳，並且製作不少宣傳短片，為重新開業作好準備。

正是這正向思維，引領著七玥走出疫情的陰影。

疫情回穩後，美容院的生意便漸上軌道。Xenia 不諱言，某程度上是靠她藝人光環的加持。美容業界不少都會聘請明星來做代言人，而她本人已經是生招牌，可省下一筆代言費。「原來在娛樂版見報，宣傳效果比其他廣告平台還要好。」

除她本人之外，Xenia 亦會邀請其他知名藝人和 KOL 朋友來光顧，藉助明星效應作宣傳。「很多顧客都會指明選用某某明星用過的產品，這藝人口碑對我們的生意有很大幫助。」

───┼─── 藝人身份有利有弊 ───┼───

除了藝人光環，由於另一位老闆是從事市場推廣，所以七玥也有利用其他的平台宣傳，例如網上平台廣告、派傳單、參加不同商會，以及跟各大平台和機構合作，推出「試做價」吸引生客。

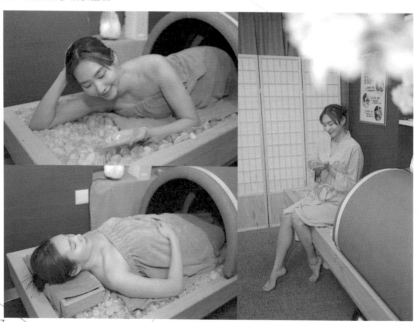

　　開業初期，七玥的大部份客戶都是被試做價吸引，試用後對產品的效果感到滿意，才購買套票繼續光顧。

　　藝人有光環加持，相對地也會帶來一定的挑戰。只要產品或服務有任何問題，矛頭會直接指向藝人，甚至引來 haters 在網上圍攻。不過對正面的 Xenia 來說，這不啻是鞭策著他們的動力，不論產品或服務都一定要做到最好。

　　另一挑戰則是來自業主。由於業主知道老闆是藝人，所以在議租時便寸土不讓，丁點也不肯減價，甚至在疫情高峰時也沒有減租。幸好 Xenia 的丈夫也不是省油燈，憑三寸不爛之舌才爭取到較合理的租金。

　　藝人這身份也為公司的定位套上一定的「框架」。「藝人要顧及形象、包裝，所以美容院的選址也不能太差。」

　　正因如此，七玥選擇在尖沙咀開業，走高端路線，針對的客戶是消費力較高的 OL 和太太群。不過高級的定位亦有助提高客人的信心，而他們亦可提供足夠的私隱度，每位客人也在獨立的房間內做機，符合高端客戶的要求。

———╋——— 鮮為人知的入場門檻 ———╋———

　　除了藝人的關係，原來經營美容院也有其他鮮為人知的限制。例如向銀行申請信用卡等收款平台 (payment gateway) 時，美容院的審批門檻會較一般企業高，因為

美容院通常會預先收取客人上萬甚至數十萬元的款項，銀行認為存在倒閉「走數」的風險。

至於購置器材亦不容易。美容儀器動輒價值過百萬元，一般美容院會選擇月供，但原來並不是全部銀行也接受他們的供款申請，有時甚至要找上財務公司才能成功上會。

身為過來人，Xenia 十分鼓勵藝人創業，尤其是經過疫情一役：「疫情前我十分活躍，但疫情一爆發，所有工作一下子都停了，只能『等運到』。」如果自己創業便可取得主動權，自行製造收入。

她認為可先從自己的興趣著手，例如喜歡品酒的可嘗試賣紅酒，這樣會更有動力肯花時間和精神去打理。藝人比一般人有先天優勢，就是知名度，因此即使不開實體店，只需在 Instagram 等網上平台開業，也能吸引到一批人試用你的產品。

Xenia 給藝人朋友的另一項建議，就是跟拍檔合夥，因為藝人工作時間不穩定，

難以定時照顧生意，如果能找到值得信任的合夥人便能分擔部分壓力。

Xenia 對營商之道甚有心得，她已計劃好未來再擴充規模，不過不再是女生專屬的美容業務，而是與中醫師合作經營養生館。經過疫情肆虐，市民均前所未有的注重健康，養生補健已成未來市場的新趨勢。

成功竅門：

· **正向思維 保持樂觀**
七玥開業時正值第五波疫情，甫開業便停

業，但 Xenia 並沒有氣餒，反而利用停業的時間作籌備，待疫情過後便可立即出擊。相反，萬一遇上逆境便輕言放棄，即使機會來到面前也無法好好把握。

· **充份發揮藝人光環**
藝人的知名度和影響力，是創業的先天優勢，而 Xenia 亦能充份利用這一點，不但自己做生招牌，亦邀請其他藝人和 KOL 宣傳，可謂自製協同效應。

由減肥班跳上世界冠軍

本身不是肥仔，卻參加花式跳繩減肥班；本是運動員出身，卻毅然創業將專長變為事業；別人做生意主要向錢看，他創業的初心，卻是要推廣跳繩運動。三屆花式跳繩世界冠軍文家駒 Kelvin，他的故事就跟他跳繩的招式一樣，千變萬化。

香港專業花式跳繩學校老闆之一的Kelvin，別看他年紀輕輕，原來創業已踏入第 16 個年頭，而香港專業花式跳繩學校，更是全港歷史最悠久的私營跳繩學校。

　　Kelvin 的花式跳繩初體驗始於初中一個「花式跳繩減肥班」。他笑言其實毋須減肥，但因為被「花式跳繩」四個字吸引，於是便找來一個肥仔同學一起參加。Kelvin 就這樣由上堂跳到上台表演，再跳上比賽場。一直讓 Kelvin 堅持不懈的，是那千變萬化的動作，還有台下觀眾的讚賞和那份成功感。

三奪世界冠軍寶座

　　2004 年，Kelvin 晉身港隊開始代表香港征戰，即為香港奪得世界跳繩錦標賽首個男子高級團體單人繩總成績季軍。至 2010 年，Kelvin 坐鎮的香港隊更歷史性打破比利時的壟斷，高舉世界跳繩錦標賽世界表演盃的冠軍獎盃，之後再在 2014 和 2016 年三奪世界冠軍寶座。

　　千變萬化的除了是跳繩動作，還有 Kelvin 的身份。Kelvin 一邊當運動員參加比賽，同時亦擔任教練一職培訓新人。此外，他更於 2007 年與拍檔合資，成立香港專業花式跳繩學校。

　　「我們很想推廣花式跳繩這運動，但在當時的跳繩總會這層面卻不易做到，於是便和拍檔合資 60,000 元，自己成立公司著手推廣。」

　　要推廣一種運動，最直接的方法是走進客戶群當中。跳繩學校的目標客戶以小學和初中生為主，所以 Kelvin 的推廣策略是不停走進校園，舉辦表演、比賽等活動，在學校、家長和學生之間打造品牌形象，同時在學校開班授徒，挑選和培育有潛質的學生參加比賽。

　　短短兩年，學生已達到一定人數，跳繩學校亦順理成章擴充規模，在火炭一幢工業大廈開設第一間訓練中心。

「成功在於默默耕耘，不斷累積學生。還有就是要努力做好自己的品牌。」

做生意跟跳繩一樣，跳得再高也有回落的時候，一個不留神被絆倒，更是常有之事。自設場地後學校依舊成績斐然， Kelvin 雄心壯志決心進軍市區，殊不知這一戰卻以「敗走」收場。

初次敗走因生意太好

新校舍選址在九龍灣一幢工廈。市區成本雖然較高，但轉戰九龍後生意蒸蒸日上，學生人數不斷增加。但正正因為學生太多，以致工廈的電梯經常逼爆，惹來其他用戶不滿投訴之餘，更開始引來多個政府部門不停巡查。

幾經波折，Kelvin 唯有重返火炭工廈。奈何樹大招風，兩年之後惡夢又再重演，各大政府部門再度光臨。為免陷入無限輪迴，Kelvin 於是把心一橫，擲下近 50 萬元重本，承擔比工廈貴近 3 倍的租金搬到石門的商業大廈。

「成本雖然較高，慶幸我們已慢慢累積到一班學生，加上自己的品牌做得好，所以有不少學生跟過來。」

　　而這一搬，更有意外收穫。原來石門是補習社和教育中心的集中地，跳繩學校近水樓台，亦吸引到極龐大的客源，現在不少學生需要排期達 3 個月至 1 年才有機會上課。

　　搬到石門只有兩三年，又遇上令全球癱瘓的新冠疫情。疫情雖說是無人能躲，但 Kelvin 的跳繩學校更遭到無妄之災。在 2020 年初政府因應第一波疫情而宣佈健身中心等場地需要暫時關閉，當時還未有特別界定「體育處所」，而所謂「健身中心」是包含「提供拉筋服務的處所」。Kelvin 回憶說：「任何運動，包括跳繩之前也需要拉筋的嘛，所以我們便乖乖的關門了。」

疫情再遇無妄之災

　　關門後向當局申請疫情資助，得到的回覆卻是：「申請拒絕」，理由是跳繩學校的主要業務並非拉筋，所以不在資助之列。結果他們白白關門了幾個月，更一分錢的補貼也拿不到。

但運動員出身的 Kelvin 自然不會氣餒。及後兩年疫情持續，訓練中心亦不時需要關門。實體訓練不行，Kelvin 便轉型開辦網課，以較低廉的學費甚至免費吸引學生。

後來證明轉型的決心沒有白費，「學生的進度竟比實體課進步快一至兩年，而很多家長亦反映，網課省時方便，更可省下來回的車錢和時間。」

網課的另一好處，是在全港近乎停擺期間維持曝光率。待疫情過後，家長也會繼續讓子女實體訓練。否則如果只是躺平在呆等疫情過去，客戶經過幾年的真空期，早就移情別戀了。

維持曝光率的另一方法是舉辦網上表演和比賽。這除了提高知名度，亦可帶來一定收入，在疫情期間幫補一下。

未來一年，香港專業花式跳繩學校將會再接再厲，在九龍灣開設分校。因為吸取上次的經驗，九龍灣其實很受學生歡迎，上次只是選址問題才遭到滑鐵盧。而 Kelvin 最大的心願，還是要將花式跳繩這所謂冷門的運動，推廣成為一門主流運動。

成功竅門：

·秉持運動員精神，堅持到底
運動員出身的 Kelvin 從不輕言放棄。想當初一個小伙子創業時，旁人的反應多數是「細路你掂唔掂呀？」Kelvin 當然沒有聽進去，成績已證明了一切。

·從錯誤中學習
跳繩學校原本選址工廈，卻因為屢遭巡查而需要數度搬遷，蝕了大筆租金以及裝修和還原費用。Kelvin 痛定思痛，不惜承擔數倍租金遷往商廈，以免重覆犯錯。

·廣開收入來源
除了開班授徒，跳繩學校也不時舉辦表演、比賽等活動，還自行研發拍子繩等跳繩裝備。這樣不但可擴闊收入來源，更有助推廣自己的品牌和知名度。

·開誠佈公共度時艱
除了租金，薪金是另一主要支出。面對逆境，Kelvin 沒有第一時間派大信封，而是向員工公開賬目，大家坦誠相對，員工自然較易接受減薪的決定。

「哈日族」外賣專家

在疫情肆虐下，香港的餐飲業經歷了三年的冰河時期。坊間一般認為，專營外賣或到會的食肆由於成本較低，而且可以讓顧客足不出戶而解決三餐需要，因此具有較強的抗逆能力，甚至能成為逆市的大贏家。但到實際操作上，又是否真的能如此一帆風順？

於 2013 年正式成立的日の苑，是一家專注於提供日式美食的外賣專門店，除了各式新鮮食材製作的壽司、刺身和其他日式小食等基本食物外，同時還提供日式飯盒、日式便當及日式熱盤等。此外，日の苑亦提供到會服務，購物滿一定金額更可全港免費送貨。

香港是「哈日族」的集中地，據統計，疫情前日式食肆佔亞洲餐廳市場近 7 成，可見競爭是何等激烈。而日の苑在這紅海中仍能屹立逾 10 年，更能開設 5 間分店，足證其過人之處。

──────── 線上線下雙管齊下 ────────

日の苑創辦人 Otto 透露，其優勝之處主要在於其性價比。日の苑的食品均以「大件夾抵食」見稱，不但訂價實惠，食材新鮮，而且產品款式繁多，選擇多樣化。此外，壽司和刺身都是採用厚切的方式製作，其豐腴口感讓食客味蕾大滿足。

其次，日の苑提供全港送貨服務，購物滿一定價錢更可免運費。而部份到會更做到訂購當天就能即日送貨。

此外，對於商務客戶，日の苑還可以提供客制化服務，能為客戶度身設計便當。而為了要突圍而出，Otto 會結合門市線下渠道與線上網絡作宣傳，而近年他也逐漸增加網上宣傳，希望未光顧過門市的客人也會享用日の苑的到會美食。

日の苑由 Otto 於 2013 年正式創立，但原來在開業前，Otto 並無這方面的經驗。他在大學畢業之後，一直在家人於內地和非洲開設的花膠廠工作，另外亦曾經兼職涉獵多個行業，包括救生員、游泳教練、模特兒、補習老師及化驗員等，社會經驗極之豐富，但食肆方面的經驗則是白紙一張。

「開設日式外賣店，主要是因為我很喜歡吃日本菜，希望同時也能提供性價比高的日本料理給客人。」

至於為何選擇外賣到會而不是開實體餐廳，Otto 解釋，是他比較看好外賣市場，因為相比起實體店，外賣店在成本和人手方面，都比較容易控制，防守力強。

初生之犢不畏苦

在創業初期，Otto 經營外賣店並非一帆風順。「當時我住上水，但要到上環上班，每天來回時間最少 3 個小時，而且企足 12 小時，一開始時累得不得了，極不習慣。而且自己沒有食肆的經驗，所有出品都必須依賴師傅。一來自己初出茅廬，缺乏跟員工溝通的經驗和技巧，二來許多師傅對我這外行人也不太信任，所以產生不少磨擦。」後來 Otto 吸取教訓，改善自己的溝通技巧，才逐漸與同事打成一片。

除員工問題，Otto 在開分店時也曾輸在經驗不足而選錯舖位，結果讓他交了不少「學費」。

為節省成本，Otto 很多事情都親力親為，甚至自己落手落腳洗樓派傳單及送外賣，過程雖然辛苦，但也有不少趣事。「有一次一位客人開玩笑說我似吳彥祖，結果自此之後我便多了一個花名，叫『壽司吳彥祖』。」

香港經歷了三年疫情，期間實體餐廳因防疫措施而經營慘淡，坊間一般以為外賣店可以成為疫市奇葩。但 Otto 透露，他們在疫情期間的生意也走下坡，只是跌幅較餐廳小而已。

────┼────目標打造成日式 Pizza Hut────┼

「由於要保持社交距離，公司聚會、開派對等活動已銷聲匿跡，客人在家中聚餐的比例也相對減少，所以到會服務的業績明顯下滑。此外，這三年經濟不穩，大部份人的消費意慾也大不如前，我們每一張單的平均消費也降低不少。」

反之，踏入 2023 年所有防疫措施終於取消，但日の苑的生意額也沒有太大分別：「我們沒有遊客生意，所以通關與否對我們幫助不大。而恢復堂食後理論上我們會被搶去一部份生意，但同時間我們又多了一批學生客，此消彼長下生意額並無太大波動。」

如今疫情已過，Otto 也準備再大展拳腳，他計劃在未來 5 年再增加 5 間分店，另外打算增設屬於自己的工場，擴充規模的同時，亦方便控制品質及成本。

「我們計劃一步一步的發展，目標是每區都有日之苑分店，成為全港首屈一指的日式到會專門店，做到像『日式 Pizza Hut』一樣，有 Party 想訂壽司開心 Share 就記得日の苑」

成功竅門：

素の六至八人盛 $788

牛油果田園沙律 圓盤
素・壽司卷物拼錦 36件
（素之卷8件 青瓜小卷8件 千本濱小卷8件
玉子壽司3件 牛油果壽司3件 腐皮壽司3件
中華沙律壽司 3件）
素・小食（2選1）
日本枝豆 2份 / 厚燒玉子 6件
素・小食拼錦 24件
天婦羅雜菜餅 6件
南瓜薯餅 3件
紫薯甘栗薯餅 3件
芝士年糕 6件
素飯類/麵類（4選1）
雜菌野菌炒烏多 2磅
韓式泡菜炒飯 2磅
素・冷烏多配胡麻汁 2磅
咖喱炒野菜飯 2磅

此套餐
～免運費送貨～

LIVE GREEN
Caring about the
environment is beautiful.

· 在競爭白熱化的日式餐飲市場，日の苑成功之道，在於能堅持自己品牌的競爭優勢，為客戶提供高性價比的產品，以及做好每一項對客人增值服務。

《創業軍師2　創夢時空》

■ 系　　　列：創富系列
■ 作　　　者：溫學文 Phoenix、余樂明 Tin
■ 出 版 人：Raymond
■ 責任編輯：林日風
■ 封面設計：史迪
■ 內文設計：史迪
■ 出　　　版：火柴頭工作室有限公司 Match Media Ltd.
■ 電　　　郵：info@matchmediahk.com
■ 發　　　行：泛華發行代理有限公司
　　　　　　　九龍將軍澳工業邨駿昌街7號 2 樓
■ 承　　　印：新藝域印刷製作有限公司
　　　　　　　香港柴灣吉勝街45號勝景工業大廈4字樓A室
■ 出版日期：2023年7月初版
■ 定　　　價：HK$138
■ 國際書號：978-988-76941-7-5
■ 建議上架：工商管理、投資理財